이산화 탄소로
내 몸을 만들었다고?

질문하는 과학 01

화학

이산화 탄소로 내 몸을 만들었다고?

박동곤 글 그림

나무를 심는 사람들

어찌 보면 사람은 그저 동물의 한 종류에 불과합니다. 그럼에도 불구하고 인간이 다른 동물과 확연히 다르다는 것은 그 누구도 부정하지 못하지요. 분명히 사람과 동물 사이에는 무엇인가 근본적인 차이가 있고 그 간격은 갈수록 더 벌어지기만 합니다. 그 차이를 극명하게 보여 주는 것이 바로 인류 문명의 발달입니다. 동물은 아주 오래전 옛날부터 그저 동물인 채 그대로입니다. 그러나 인간은 시간이 지나면서 끊임없이 변모하고 발전해 왔지요.

아주 먼 과거의 어느 한 시점에 인간이 동물의 상태에서 벗어나 자신만의 길로 들어선 분기점이 분명히 있었을 것입니다. 그 결정적인 분기점은 바로 원시 인류가 최초로 불을 사용하기 시작한 사건입니다. 모든 동물들이 공포에 휩싸여 초원의 불을 피해 달아나기에 급급할 때 유독 인간은 깊은 호기심으로 불에 다가갑니다. 시커멓게 타 버린 초원에 내려가 꺼져 가는 불씨를 조심스럽게 들고 와서 자신만의 조그마한 모닥불을 피웁니다. 그리고 밤이 되면 불붙은 장작개비를 휘두르며 자신을 위협하는 맹수를 쫓아내고 스며드는 한기로부터 자신을 보호하지요. 그 어떤 다른 동물도 감히 엄두를 내지 못했던 놀라운 행동을 시작한 것입니다.

원시 인류가 불을 사용하게 된 이면에는 주변 환경에 대한 강한 호기심이 자리를 잡고 있습니다. 호기심이란 유전자에 깊이 각

인된 생존 본능에서 기인합니다. 자신을 둘러싼 주위 환경을 가능한 빨리 그리고 정확하게 이해해야만 자신의 생존 확률을 높이기 때문입니다. "맹수들이 왜 불을 피해 달아나지?" "어떻게 하면 불이 붙지?" "불은 왜 유독 마른 나무를 좋아할까?" 자신의 깊은 호기심에서 우러나온 "왜?"에 대한 답을 구하는 과정에서 마침내 원시 인류는 불을 자기 마음대로 다룰 수 있게 되고, 이를 통해서 인류 문명의 발달사에 물꼬를 틉니다.

인류는 단순히 불을 사용하는 것에서 끝나지 않고 불을 활용한 다양한 기술들을 개발하면서 문명의 발달을 견인합니다. 돌을 가열해서 청동을 만들고 철광석을 가열하여 쇠를 만듭니다. 주변의 천연 물질을 가열하여 자신이 필요로 하는 다양한 종류의 합성 물질을 만들어 냅니다. 그 과정에서 인류는 자신을 둘러싼 물질과 에너지 세계의 이치를 차츰 깨우쳐 나갑니다. 마치 가느다란 나무가 사방으로 새로운 가지를 뻗으면서 갈수록 두꺼워지고 풍성해져서 울창한 모습으로 자라는 것처럼, 아주 작은 호기심이 꼬리에 꼬리를 물며 계속 성장하여 마침내 오늘날의 '화학(Chemistry)'이 됩니다.

우리 인간의 유전자에 생존 본능으로 각인된 강한 호기심은 그 자체가 다름 아닌 '화학-DNA'입니다. 인간이라면 누구나 다이 '화학-DNA'를 가지고 있습니다. 그로 인해서 주변의 물질과 에너지 세상에 대한 일상적인 호기심을 품게 됩니다. 그것이 작고 사소한 호기심이건 아니면 크고 심오한 호기심이건 어떤 방식으로든지 그것에 대한 답을 찾기 시작하면 그것이 곧 화학입니다.

기원전 400년경 고대 그리스의 철학자들은 주변 세상에 대한 강한 호기심으로 깊은 사색을 합니다. 그들은 무엇보다도 자신을 둘러싼 물질세계의 근본 속성에 대한 깊은 호기심을 가지고 있었지요. 호기심에 대한 답을 찾기 위한 오랜 사색 끝에 그들은 이 세상의 모든 것들은 공기, 불, 물, 그리고 흙이라는 4가지의 기본 입자들로 구성되어 있다고 주장합니다. 소위 고대 그리스 철학자들의 4원소설입니다.

사실 이 네 가지의 물질은 지금도 우리가 일상생활을 살아가면서 가장 많이 접하게 되는 것들입니다. 매 순간 함께한다고 해도 과언이 아닙니다. 아니 이들 중 어느 하나라도 없으면 살 수가 없는 것들이지요. 그래서 이 책에서는 주로 이들 네 가지의 물질, 즉, 공기, 불, 물, 그리고 흙과 연관된 작은 이야기들을 들려주려고 합니다. 주로 공기에 초점을 두고 이야기를 전개해 나가되 기회가 될 때마다 불, 물, 그리고 흙과 연계시킴으로써 2,000여 년 전 그리스 철학자들이 주장했던 4원소설에 대한 재해석을 시도해 보았습니다.

화학 지식의 중심에는 화학자의 언어인 화학 반응식이 있습니다. 그러나 화학을 처음 접하는 사람에게 화학 반응식은 마치 알지 못하는 상형 문자들로 쓴 난해한 고대의 비문처럼 보이지요. 그래서 이 책에서는 화학 반응식의 사용을 최대한 자제하고 꼭 필요한 경우에 한해서만 가능한 간단한 형태로 제시했습니다. 많은 경우 문장 속에 분자식이나 실험식을 괄호로 묶어서 함께 제공함으로써, 굳이 화학 반응식을 제시하지 않더라도 독자가 스스로 관련된 반응을 쉽게 유추할 수 있도록 하였습니다.

중요한 전문 용어는 작은따옴표로 묶고 가능하면 영문명도 함께 제시함으로써 호기심 많은 독자가 다른 경로를 통해서라도 더 많은 관련 정보를 검색할 수 있도록 하였습니다. 그렇게 하고서도 호기심이 해소되지 못하여 잠을 못 잔다든지(?) 끼니를 거르기라도 한다면(!) 다음 이메일 주소로 저자에게 직접 질문을 하면 기꺼이 알고 있는 것을 나누겠습니다.

— 박동곤 dgpark@sookmyng.ac.kr

차례

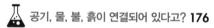

7장
놀라운 물

근대 화학의 탄생

1장

1

하늘로 날아간 헬륨 풍선은 어떻게 될까?

헬륨 풍선은 도대체 얼마나 높이까지 날아 올라갈까요? 계속 올라가다 보면 저 하늘 끝까지도 갈 수 있을까요? 끝없이 올라가다 보면 풍선은 결국 조그마한 크기로 쪼그라들까요? 아니면 크게 부풀어 오르다가 이내 터져 버릴까요?

두 손을 펼쳐 풍선을 감싸 안고 지그시 누르면 점점 탱탱해집니다. 풍선의 부피를 줄였더니 풍선 속의 압력이 높아진 것이지요. 누르기를 계속하면 높아진 압력을 견디지 못한 풍선이 한쪽으로 삐져나오면서 터져 버리기도 합니다. 반대로 두 손을 떼면 탱탱하던 풍선은 원래의 모습으로 되돌아가고 압력은 다시 낮아지지요. 이 간단한 경험을 통해서 풍선 속 공기의 부피와 압력 간에는 서로 반비례의 관계가 있다는 사실을 알게 됩니다.

이와 같은 일상의 체험을 실험과 관찰을 통해서 체계적으로 서술한 연금술사가 있었습니다. 그는 1600년대 중반의 영국 연금술사인 로버트 보일입니다. 보일은 그때까지만 해도 주먹구구식으로 은밀하게 행해지던 연금술에 과학적 방법론을 도입함으로써 연금술이 근현대의 화학으로 발전하는 계기를 마련했습니다. 그는 무엇보다도 자신이 관찰한 결과를 글로 남기고 이를 널리 다른 사람들과 공유해야만 한다고 주장했지요.

》보일의 법칙《
공기의 부피와 압력은 반비례

보일은 특히 공기에 대해서 깊은 호기심을 가지고 있었습니다. 눈에 보이지 않는 공기의 성질을 관찰하기 위해서 열고 닫는 코르크가 달린 밀폐된 유리 플라스크 안에 공기를 넣고 가두는 방법을 처음으로 도입했습니다. 공기를 밀폐된 용기 속에 가둔다는 것은 당시로서는 정말 획기적인 생각이었죠. 눈에 보이지 않는 공기의 양과 부피를 일정한 값으로 제한함으로써 체계적이고 정량적인 관찰을 가능하게 해 주었기 때문입니다. 더구나 보일의 장치에는 피스톤이 달려 있어서 플라스크 안의 공기를 인위적으로 뽑아 낼 수도 있었고, 수은을 사용하여 공기에 압력을 가할 수도 있었습니다. 보일이 사용했던 이 간단한 장치를 '보일의 공기 펌프(air pump)'라고 불렀습니다.

보일은 이 장치를 이용한 실험과 관찰을 통해서 "공기의 부피(V)와 압력(P) 사이에는 반비례의 관계가 있다"는 사실을 정량적으로 확인하고 이를 1662년에 글로 남겼습니다. 오늘날 우리는 이를 '보일의 법칙(Boyle's law)'이라고 일컫습니다. 보일의 법칙을 수학적으로 표현하면, 'P×V=상수'가 되는데, 이때 상수란 항상 일정한 값을 갖는 수를 의미합니다.

》공기의 압력이 낮아지면《 부피는 늘어나

보일의 법칙에 의하면 공기의 압력이 낮아지면 부피는 늘어납니다. 우리나라에 불온 전단을 살포하기 위해서 북한이 사용하는 커다란 헬륨 풍선이 바로 이 원리를 활용한 것입니다. 전단을 잔뜩 넣은 커다란 고무풍선을 헬륨 기체로 부풀린 후에 공중으로 띄어 올립니다. 풍선은 남쪽으로 부는 바람을 타고 서서히 높은 고도로 올라가지요. 높은 고도에서는 대기의 압력이 급격히 떨어지기 때문에 풍선의 압력도 덩달아 내려가게 됩니다. 압력과 부피는 반비

근대 화학의 탄생

레하므로 풍선 속의 압력이 내려가면 부피는 거꾸로 더 늘어나게 됩니다. 쉽게 말해서 풍선의 크기가 더 커지는 것이지요. 점점 커지던 고무풍선은 급기야 터져 버리게 되고 안에 넣어 놓았던 전단은 바람에 흩어져 곳곳에 뿌려집니다.

》공기의 부피를 줄이면《 압력이 올라가

보일의 법칙에 의하면 공기의 부피를 줄이면 이번에는 공기의 압력이 올라갑니다. 오늘날 우리는 공기의 이러한 성질을 일상생활에 적극적으로 활용합니다. 특히 밀폐된 공간에 가둔 공기를 스프링으로 활용하는 예를 많이 보게 됩니다. 자동차의 타이어가 그 대표적인 예입니다. 외부 충격에 의해서 타이어가 찌그러져 부피가 줄어들면 보일의 법칙에 의해 내부 압력이 올라가면서 이 충격을 다시 튕겨 냅니다. 스프링의 역할을 하는 것이죠.

　　타이어만으로는 불충분해서 완충기라는 장치를 추가로 사용하는데 여기에도 같은 원리가 사용됩니다. 아래위로 움직이는 피스톤이 장착된 밀폐된 실린더 속에 공기를 가두고 실린더와 피스톤을 자동차의 바퀴와 몸체에 각각 연결해 놓습니다. 외부 충격으로 피스톤이 눌리면서 공기의 부피가 줄어들면 실린더 속의 압력이 높아지면서 다시 피스톤을 밀어냅니다. 실린더 속에 가둔 공기로 인해서 완충기의 피스톤은 밀면 다시 튀어나오는 일종의 스프링이 되는 것이지요.

　　각 바퀴에 하나씩 장착되어 있는 이 타이어와 완충기 덕분에 우리는 쾌적한 승차감을 만끽하며 자동차를 탈 수 있게 된답니다. 모두가 밀폐된 공간에 가두어 둔 공기가 스프링의 역할을 한 덕분이지요.

보일의 공기 펌프가 산업 혁명을 촉발했다고 ?

보이지도 않고 만져지지도 않는 공기는 도대체 어떻게 행동하는 걸까요? 공기의 성질을 제대로 이해하기 위해 사용했던 1600년대의 간단한 화학 실험 장치가 결국에는 증기 기관의 발명으로 이어졌어요.

중세의 연금술사들은 값싸고 흔한 물질로부터 금이나 은을 만들어 보겠다는 어찌 보면 허황된 일확천금의 꿈을 가지고 있었지요. 그러다 보니 1600년대의 연금술사 대부분은 자신이 수행했던 실험과 관찰의 결과를 남에게 알리기보다는 감추려고 했어요.

그러나 로버트 보일과 같은 일부 연금술사들은 인류의 과학적 지식이 발전하려면 실험과 관찰 결과를 기록으로 남겨서 다른 사람들과 적극적으로 공유해야 한다는 생각을 가지고 있었습니다. 보일과 같은 신세대 연금술사들의 건의를 받아들여서 1660년에 영국 왕은 영국 왕립 학회를 만듭니다. 당시의 과학자들이 권력의 눈치를 보지 않고 자유롭게 연구하면서 자신의 연구 결과를 공론의 장에서 나누고 인정받을 수 있도록 일종의 자유 구역을 허용해 준 것이었습니다.

》대중들의 흥미를 유발한《
'혹스비의 공기 펌프'

그러나 당시에 왕립 학회에 대한 과학자들의 관심은 시들했습니다. 얼마 지나지 않아 학회의 활동이 침체되기 시작하지요. 이를 되살려 놓아야 하는 막중한 임무가 아이작 뉴턴에게 맡겨집니다. 뉴턴은 학회에 대한 사람들의 관심을 끌기 위해 무엇보다 기발한 눈요깃거리가 필요했지요. 그래서 기용한 사람이 한때 보일의 조수였던 프랜시스 혹스비였습니다.

보일은 나이가 들면서 자신의 공기 펌프를 이용한 실험을 그

근대 화학의 탄생

만두게 됩니다. 혹스비는 보일의 공기 펌프를 가져와 한 단계 더 발전시킵니다. 자신만의 독특한 '혹스비의 공기 펌프'로 개조하여 1705년에 학회에서 공개하지요. 당시로서는 놀랄 만큼 정교하게 만들어진 기계 장치로서 두 개의 실린더를 작동하여 커다란 유리 플라스크 속의 공기를 손쉽게 뽑아내는 일종의 수동 진공 펌프였습니다. 혹스비의 공기 펌프는 당시 과학자들의 흥미를 유발하고도 남을 아주 좋은 구경거리가 되었답니다. 영국 왕립 학회에서 시연을 해 보임으로써 많은 과학자들을 끌어모았을 뿐만 아니라 소문이 퍼지면서 일반 사람들에게도 날개 돋친 듯이 팔려 나갔지요.

》와트의 증기 기관으로《
발전한 공기 펌프

이때 혹스비의 공기 펌프를 구입했던 많은 사람들 중에는 기계공
들도 있었습니다. 기계공들은 손으로 공기 펌프의 레버를 움직여
서 실린더를 작동하면 공기를 뽑아내기도 하지만, 정반대로 실린
더 속으로 공기를 주입하면 거꾸로 레버가 작동된다는 사실을 금
세 알아차렸지요. 이들은 혹스비의 공기 펌프를 개조하여 공기의
압력으로 실린더의 피스톤을 작동시키는 간단한 기계 장치를 만
들어 내기 시작합니다. 공기를 불어 넣으면 작동하는 당시로서는
고급 장난감이었지요.

　　여러 기계공들의 손을 거치며 수차례의 개조 작업을 거듭한
끝에, 마침내 혹스비의 공기 펌프는 영국 글래스고 대학의 기계공
이었던 제임스 와트에 의해서 1776년 증기 기관으로 발전합니다.
당시 석탄 광산의 갱도에 지하수가 고여서 사람들이 이 물을 계속
퍼내야만 했는데, 증기 기관이 사람을 대신하여 퍼내는 데 사용됩
니다. 그동안 사람과 가축이 하던 일을 인류 역사상 처음으로 기
계가 대신한 것이지요. 이를 계기로 마침내 영국을 중심으로 산업
혁명이 시작됩니다. 공기의 성질에 대한 작은 호기심에서부터 시
작된 보일의 공기 펌프가 먼 길을 돌고 돌아 산업 혁명을 촉발한
증기 기관으로 이어졌던 것입니다.

3

자동차 타이어는 여름에 왜 빵빵해질까?

공기도 우리처럼 추위를 타는 걸까요? 겨울이 되면 우리 몸이 잔뜩 움츠러드는 것처럼 공기를 채워 놓은 타이어가 홀쭉해지네요. 그러다가 여름이 되면 타이어는 다시 기지개를 켜면서 도로 뚱뚱해져요. 더운 여름날 저렇게 빵빵해지면 자칫 터지는 것은 아닐까요?

보일의 공기 펌프를 개조한 자신의 공기 펌프로 실험을 하던 혹스비는 공기의 부피가 온도에 비례하여 변한다는 사실을 발견하고, 1708년 이를 글로 남긴 후 영국 왕립 학회에서도 발표합니다. 사실 공기가 따뜻해지면 팽창한다는 것은 누구나 경험을 통해서 알 수 있었지만 아무도 이러한 현상을 주의 깊게 관찰할 생각은 하지 않았죠. 혹스비 자신도 자기가 밝힌 공기의 부피가 온도에 비례한다는 사실을 그리 대수롭지 않게 여겼으니 말입니다.

이로부터 약 90여 년이 지난 1801년 프랑스의 화학자 게이뤼삭은 "공기의 부피(V)가 온도(T)에 비례한다"는 사실을 학회에 발표하면서 당시 거대한 풍선에 수소 기체를 채워서 기구를 띄우는 데 성공했던 샤를의 이름을 따서 '샤를의 법칙(Charles's law)'이라고 이름을 붙였습니다. 사실 샤를은 어떤 종류의 기체를 채우든 상관없이 풍선을 가열하면 똑같은 비율로 부피가 늘어난다는 중요한 사실을 이미 실험을 통해 확인했지만 이를 굳이 글로 남길 생각은 하지 않았지요. 그러나 게이뤼삭이 샤를의 이러한 관찰 결과를 대신 세상에 알리고 그의 이름을 붙임으로써 그를 인정했던 것입니다. 샤를의 법칙을 수학적으로 표현하면 'V/T=상수'가 됩니다.

》샤를의 법칙《
공기의 부피가 온도에 비례

샤를의 법칙에 의하면 온도가 올라가면 공기가 팽창하고 반대로 온도가 내려가면 수축합니다. 이러한 현상은 우리의 일상생활에서 쉽게 관찰되지요. 여름에 가지고 놀다 마당에 내버려 두었던 고무공이 겨울이 되어 찌부러져 있는 것을 발견하게 됩니다. 기온이 내려가면서 고무공에 들어 있던 공기의 부피가 줄어든 탓입니다. 찌그러진 고무공을 따뜻한 집 안에 가져다 놓으면 원래 모습을 되찾아 탱탱해집니다. 온도가 올라가면서 공기의 부피가 다시 늘어난 것입니다.

마찬가지의 원리가 자동차 타이어에도 적용됩니다. 여름에 적정 압력으로 공기를 채워 놓았던 타이어가 겨울이 되면 찌부러지면서 승차감이 나빠진 것을 발견하게 됩니다. 겨울이 되어 온도

가 내려가면서 타이어 속 공기의 부피가 줄어들었기 때문에 일어나는 현상이지요. 이처럼 찌부러진 타이어를 그대로 둔 채 고속도로에서 빠르게 달리는 것은 매우 위험하므로 겨울이 되면 반드시 자동차 타이어를 점검하여 공기를 조금 더 넣어 줄 필요가 있답니다.

만약 온도가 올라가서 공기의 부피가 늘어나야만 하는데도 용기가 딱딱해서 부피가 늘어날 수 없을 때에는 어떻게 될까요? 게이뤼삭은 이 경우에는 부피가 늘어나는 대신 압력이 늘어난다는 사실을 관찰하고 그 결과를 발표합니다. 공기를 가둔 용기가 딱딱해서 부피가 변하지 않는 경우에는 "공기의 압력(P)이 온도(T)에 비례한다"는 '게이뤼삭의 법칙(Gay-Lussac's law)'입니다. 게이뤼삭의 법칙을 수식으로 표현하면 'P/T=상수'가 됩니다. 앞에서 본 샤를의 법칙에서 V를 P로 바꾼 것과 똑같은 식입니다.

》게이뤼삭의 법칙 《
공기의 압력이 온도에 비례

게이뤼삭의 법칙에 의하면, 공기의 온도가 올라갈 경우 용기가 딱딱해서 부피가 늘어나지 못하게 되면 그 대신 압력이 올라갑니다. 겨울에 적정 압력으로 공기를 채워 놓았던 타이어가 여름이 되면 금방이라도 터질 것처럼 탱탱해지는 경우가 여기에 해당하지요. 겨울에 이미 탱탱하게 공기를 채워 놓았기 때문에 타이어의 부피는 더 이상 늘어날 여지가 없는 상태가 됩니다. 그럼에도 불구하고 여름이 되어 기온이 올라가면 공기의 부피는 늘어나려고 하죠. 결국 타이어의 부피가 늘어나는 대신에 타이어 안의 압력이 올라가게 되지요. 실제로 올라가는 압력이 매우 커서 그 상태 그대로 고속 도로에서 달리다가는 펑크가 나는 사고를 당하기 쉽습니다. 따라서 여름이 되면 반드시 자동차 타이어를 점검하여 다시 적정 압력으로 맞추어 주어야 합니다. 그래야 안전한 여행을 하게 되지요.

4

샤를은 풍선을 불다가 "유레카!" 했다고?

입으로 분 풍선은 떴다 가라앉지만 헬륨을 채운 풍선은 높이 올라가네요. 입으로 불어 넣은 공기가 헬륨보다 더 무거워서 그런가요? 프랑스의 화학자 샤를은 어떻게 하늘 높이 풍선을 떠오르게 했을까요?

누구나 어릴 때 입으로 풍선을 불었던 경험이 있을 것입니다. 공기를 많이 불어 넣을수록 풍선은 더 크게 부풀어 오르지요. 삼척동자도 알고 있는 너무나 당연한 사실입니다. 이 당연한 사실을 법칙으로 정립함으로써 근현대의 화학 지식이 일대 도약을 하는 계기를 마련한 과학자가 있답니다. 그는 오늘날 '아보가드로의 법칙(Avogadro's law)'이라고 불리는 가설을 주창한 이탈리아의 과학자 아보가드로입니다.

1700년대로 들어오면서 연금술사들로부터 바통을 이어받은 화학자들은 공기 중에 다른 종류의 기체들이 존재한다는 사실을 깨닫기 시작합니다. 1671년 영국의 연금술사 보일은 묽은 황산에 쇳조각을 담그면 아주 잘 타는 모종의 기체가 발생한다는 사실을 발견하죠. 1766년 영국의 화학자인 캐번디시는 보일이 발견한 이 기체를 공기 중에서 태우면 물이 만들어진다는 놀라운 사실을 밝혔고, 1783년 프랑스의 화학자 라부아지에는 이 기체를 수소라고 명명합니다.

》최초로 수소 기구 비행에《 성공한 샤를

하늘로 떠오를 수 있는 기구의 개발에 심취해 있었던 프랑스의 샤를은 자신이 만든 풍선 속에 당시 손에 넣을 수 있었던 모든 종류의 기체를 번갈아 가면서 가득 채워 보는 실험을 합니다. 그런데 놀랍게도 풍선 속에 수소 기체를 가득 채웠더니 풍선이 하늘로 떠

오른 것이었어요! 1783년 샤를은 수소 기체를 가득 채운 커다란 풍선에 매단 바구니를 타고 파리 상공 550미터까지 올라가는 데 성공합니다.

1800년대 초까지 이루어졌던 공기의 성질에 대한 실험과 관찰에는 모두 세 가지의 서로 다른 변수가 사용되었습니다. 그것은 온도(T), 부피(V), 그리고 압력(P)이었습니다. 보일은 1662년에 발표한 보일의 법칙에서 압력(P)과 부피(V)의 두 변수를 사용하였지요. 게이뤼삭은 1801년에 발표한 샤를의 법칙에서 온도(T)와 부피(V)의 두 변수를 사용하였으며, 이때 함께 발표했던 게이뤼삭의 법칙에서는 온도(T)와 압력(P)의 두 변수를 사용했습니다.

공기의 성질을 기술한 이러한 앞선 연구 결과들과 함께 다양한 종류의 기체를 풍선에 채워 보았던 샤를의 실험 결과를 들여다보던 아보가드로는 여기에 하나의 변수를 더 추가할 수 있다는 사실을 발견합니다. 그것은 바로 기체의 양이었습니다.

》 아보가드로의 법칙 《
부피가 같으면 기체 입자의 개수는 같다

누구나 잘 알듯이 풍선에 공기를 불어 넣으면 풍선이 부풀어 오릅니다. 이는 불어 넣은 기체의 양이 많아질수록 풍선의 부피가 더 커진다는 것을 보여 줍니다. 기발한 점은 아보가드로가 이 기체의 양이라는 개념이 기체의 질량이 아니라 기체 입자의 개수라는 사실을 알아차렸다는 것입니다.

풍선을 똑같은 크기로 부풀렸을 때, 수소를 채우면 풍선이 뜨는데 다른 무거운 기체를 채우면 풍선이 뜨지 않는다는 사실로부터 쉽게 유추할 수 있는 것이었지만, 그때까지만 해도 아무도 이를 알아채지 못했던 것이지요.

어떤 기체의 부피가 그 기체 입자의 개수(n)에 비례한다는 것을 간파한 아보가드로는 1811년 "같은 온도(T)와 같은 압력(P) 하에서, 같은 부피(V)의 기체는 같은 개수(n)의 기체 입자를 가지고 있다"라고 하는 아보가드로의 법칙을 발표합니다.

풍선 속에 기체를 채울 때 그 기체가 수소이건 아니면 산소이건 상관없이 풍선 속에 존재하는 기체 입자의 개수는 항상 같다는 사실을 간파한 것입니다. 이때 통상적인 생활 환경의 조건인 1기

압의 대기압과 상온이 바로 이 동일한 온도와 동일한 압력의 조건
에 해당합니다.

» 기체의 질량을 정확히 «
측정하고 비교하다

아보가드로의 법칙으로 인해 화학자들에게는 마침내 서로 다른
원소의 상대적인 질량을 정확하게 비교할 수 있는 방법이 생겼습
니다. 예를 들어 수소 기체를 채워서 풍선을 부풀린 후에 무게를
재고, 같은 풍선에 이번에는 산소 기체를 채워서 같은 부피로 부
풀린 후에 무게를 재어서, 이 두 값의 크기를 서로 비교하는 것이
지요.

아보가드로의 법칙에 의하면 같은 부피의 풍선 속에는 같은
개수의 기체 입자가 들어 있는 것이므로, 이렇게 하면 수소 원자
한 개와 산소 원자 한 개에 대한 질량 값의 상대적인 비율을 정확
하게 측량할 수 있게 됩니다. 이러한 방식으로 실제로 측량한 수
소 대 산소의 상대적인 질량의 비율은 1:16이라는 실험 수치가 얻
어졌답니다. 다시 말해서 수소 원자 하나의 무게가 산소 원자 하
나의 1/16밖에 되지 않는다는 의미이지요. 거꾸로 말하면 산소 원
자 하나가 수소보다 16배 무겁다는 뜻입니다.

이때부터 화학자들은 아보가드로의 법칙에 근거해서 그때까
지 알려진 모든 원소와 물질들에 대해서 질량의 상대적인 비율을
정확하게 측량하기 시작합니다. 이때 얻어진 질량의 상대적인 비

율 값의 대표적인 예를 보면, 수소 대 질소는 1:14, 수소 대 물은 1:9, 수소 대 이산화 탄소는 1:22라는 수치들이 얻어지지요. 이렇게 얻어진 수치는 서로 다른 입자들 간의 무게 비를 보여 줍니다. 질소의 질량은 수소의 14배이고, 물의 질량은 수소의 9배이며, 이산화 탄소의 질량은 무려 수소의 22배이지요.

　이처럼 눈에 보이지도 않고 만져지지도 않는 기체의 질량을 아보가드로의 법칙 덕분에 정확하게 측정하고 비교할 수 있게 된 것은 당시로서는 매우 놀라운 일이었습니다.

5

무게를 측량하는게 왜 중요할까?

공기를 불어 넣은 풍선과 헬륨을 채운 풍선을 각각 양손에 들어 보면 그 무게의 차이를 느낄 수 있을까요? 정확한 저울에 이 두 풍선의 무게를 달아 보면 어느 쪽이 더 가벼울까요? 정확하게 측정한 공기와 헬륨의 무게 비율은 무엇을 의미하는 걸까요?

18세기에 이르기까지 아주 오랜 세월 동안 연금술사와 화학자들이 풀지 못한 채 덮어 놓았던 근본적인 문제가 있었습니다. 그것은 눈에 보이지도 않는 원자나 분자와 같은 작은 입자의 개수를 어떻게 셀 수 있느냐 하는 문제였습니다. 그러다 보니 두 가지의 서로 다른 물질이 반응을 하더라도 도대체 어떤 방식으로 반응이 일어나는지를 도무지 알 수가 없었답니다.

수소와 산소의 반응을 예로 들어 보지요. 1766년 영국의 화학자 캐번디시는 수소를 공기 중에서 태우면 물이 만들어진다는 것을 실험으로 확인했습니다. 그리고 이때 수소와 반응한 것은 다름 아닌 공기 중의 산소라는 사실을 이후 프랑스의 화학자 라부아지에가 밝혀내지요. 이를 간단한 화학 반응식으로 표현하면 다음과 같이 됩니다.

$$\text{수소} + \text{산소} \rightarrow \text{물}$$

그런데 문제는 수소 입자 몇 개와 산소 입자 몇 개가 반응해서 물 입자 몇 개가 만들어지는지를 알 수가 없다는 것이었어요. 눈에 보이지 않으니 개수를 셀 도리가 없었기 때문입니다.

이 문제에 대한 해결의 열쇠가 된 것이 바로 아보가드로의 법칙이랍니다. 아보가드로의 법칙 덕분에 실제로 측량한 무게 값을 반응에 참여한 입자의 개수로 변환하는 것이 가능해졌습니다. 비록 개별 입자들이 눈에 보이지는 않지만 그 무게를 측정함으로써 개수를 알 수 있게 되는 것이지요. 어떻게 그러한 변환이 가능할까요?

측정한 무게 값을 개수로 변환하는 예를 들어 보지요. 어떤 실험에서 수소 1g을 태웠더니 물이 만들어지면서 공기 중에서 산소 8g이 없어진 것을 실제로 측량했다고 합시다. 측량 값에 따르면 반응에 참여한 수소 대 산소의 무게 비율은 1:8 즉 2:16이 됩니다. 그런데 앞에서도 보았듯이 아보가드로의 법칙을 적용해서 미리 측량해 놓았던 수소 대 산소의 질량 비율 값은 1:16이었습니다. 따라서 물이 만들어지는 위 반응에서 질량의 비율이 2:16이 나왔다는 말은 곧 수소 2개와 산소 1개가 반응했다는 것을 의미합니다. 같은 방법을 적용해서 물에 대한 개수 비율도 따로 구할 수 있습니다. 이러한 계산 결과를 적용해서 위 화학 반응식을 다시 쓰면 다음과 같이 됩니다.

$$2 \times 수소 + 1 \times 산소 \rightarrow 1 \times 물$$

위에서 제시한 서로 다른 두 화학 반응식의 차이는 각 물질의 앞에 숫자를 썼느냐 쓰지 않았느냐로 어찌 보면 하찮은 것으로 보일는지도 모릅니다. 그러나 그 차이는 마치 하늘과 땅의 차이와 같아요. 이전에는 반응이 어떻게 일어나는 것인지 전혀 몰랐는데 이제는 2개의 수소 원자가 1개의 산소 원자와 반응한다는 사실을 알게 된 것이지요.

화학에서는 정확한 양을 모르는 채 어떤 물질이 관여하는지만 알고 있는 경우를 '정성적(qualitative)'이라고 하며, 물질의 종류뿐만 아니라 그 양도 정확하게 아는 경우를 '정량적(quantitative)'이라고 말합니다. 아보가드로의 법칙 덕분에 그동안 주먹구구식으로 행해졌던 실험과, 대충 정성적으로만 기술되었던 관찰 결과를 마침내 정확한 수치를 제시하는 정량적인 방식으로 행할 수 있게 된 것이랍니다.

그뿐이 아니었어요. 서로 다른 원자들 사이의 정확한 개수 비율을 알게 되면서 물질의 조성도 금세 드러나기 시작했습니다. 이전에는 물이 어떤 물질인지 몰랐는데 이제는 물이 2개의 수소 원자와 1개의 산소 원자가 합쳐진 물질이라는 사실을 알게 된 것이죠. 이로써 2개 이상의 원자들이 합쳐져 만들어지는 '분자(molecule)'라는 새로운 개념도 서서히 자리를 잡기 시작합니다.

》 라부아지에의 《
정량적 실험 정신

아보가드로의 법칙은 화학의 발전 과정에 일대 획기적인 전기를 마련한 가설이랍니다. 그러나 아보가드로의 법칙을 적용하려면 무엇보다도 정확하게 측량된 무게 값이 먼저 존재해야만 했지요. 하지만 측량된 무게 값 자체가 존재하지 않았던 것이 당시의 현실이었습니다. 왜냐하면 1700년대까지만 해도 관찰한 결과를 서술적으로 기술하기만 했지, 무게를 정확하게 측량하는 것은 생각조차 하지 않았기 때문입니다.

그런데 1700년대 중반 프랑스의 화학자인 라부아지에가 "실험을 행할 때는 무게를 정확하게 측량하는 것이 매우 중요하다"는 사실을 강력하게 주장하기 시작합니다. 그러고는 그 스스로가

1800년대

정확하게 무게를 잰 수많은 정량적 실험 결과들을 발표합니다. 라부아지에가 아보가드로의 법칙을 적용할 일종의 밑거름을 마련한 것이었습니다. 그러나 라부아지에는 아보가드로의 법칙이 발표되기 전인 1794년에 프랑스 혁명에 휘말려 단두대 위의 이슬로 사라집니다. 하지만 그가 주창했던 정량적 실험 정신은 살아남아서 1811년의 아보가드로의 법칙과 합쳐져 화학계에 일대 돌풍을 일으키게 됩니다. 이로 촉발되어 일어난 1800년대 화학계의 변화는 가히 혁명적이었지요. 그래서 당시에 일어난 화학 지식의 갑작스런 도약을 오늘날 우리는 '화학 혁명'이라고도 일컫습니다.

쉽게 배우는
이상 기체 방정식

2장

6

이상 기체
방정식이
공기의 행동을
설명한다고
?

공기를 많이 불어 넣을수록 풍선은 부피가 커져요. 풍선을 들고 높은 산으로 올라가면 부피가 커질까요, 작아질까요? 풍선을 뜨겁게 하면 또 어떻게 될까요? 공기의 이런 행동을 쉽게 예측할 수 있게 해 주는 공식은 없을까요?

옛말에 "장님 코끼리 만지듯 한다"라는 말이 있지요. 전체를 보지 못한 채 일부분만을 그것도 대충 어렴풋하게 알고 있는 경우를 빗대어 하는 말입니다. 코끼리를 앞에서 만진 장님은 코끼리가 마치 두 개의 나뭇가지 사이로 축 늘어진 뱀과 같다 하고, 뒤에서 만진 장님은 마치 바위틈에 끼여 있는 끊어진 노끈과 같다 하며, 옆에서 만진 장님은 넓적하고 커다란 바위와 같다 하겠지요.

코끼리를 더듬거리는 이와 같은 상황은 마치 17~18세기의 화학자들이 공기를 다루던 모습을 그대로 보는 것만 같습니다. 공기의 성질을 기술한 보일의 법칙, 샤를의 법칙, 게이뤼삭의 법칙, 그리고 아보가드로의 법칙은 모두 공기에 대한 전체적인 묘사라기보다는 마치 장님이 코끼리를 만지듯 공기를 어느 한쪽 방향에서만 바라본 결과들입니다. 이들 화학자들은 각자가 공기의 서로 다른 모습을 보고 있었던 것이지요.

》4개의 변수를 포함하는《
이상 기체 방정식

그렇다면 보일의 법칙, 샤를의 법칙, 게이뤼삭의 법칙, 아보가드로의 법칙을 모두 한데 합쳐 놓으면 어떻게 될까요? 이들 법칙들을 합치면 아래와 같은 하나의 통합된 관계식을 얻게 되는데 이를 오늘날 우리는 '이상 기체 방정식(ideal gas equation)'이라고 부릅니다.

$$PV=nRT \quad \text{(R은 상수)}$$

이상 기체 방정식은 그 안에 4개의 서로 다른 변수를 포함하고 있습니다. 압력(P), 부피(V), 온도(T), 그리고 공기의 양(n)이지요. 그런데 흥미롭게도 위 식에는 기체의 종류가 무엇인지에 관련된 변수가 전혀 포함되어 있지 않습니다. 따라서 이 식은 사실상 모든 종류의 기체에 대해서 적용할 수 있는 보편적인 관계식입니다. 실제로 "거의 모든 종류의 기체는 1기압의 대기압과 상온에서 이상 기체 방정식을 따른다"라는 사실을 실험을 통해서 확인할 수 있습니다. 기체의 이러한 성질을 '이상 기체의 법칙(ideal gas law)'이라고 일컫습니다.

마치 앞, 뒤, 그리고 옆에서 본 코끼리의 서로 다른 모습들을 한데 합치면 코끼리의 전체 모습을 알게 되는 것과 같이, 서로 다른 법칙들을 한데 합쳐서 얻은 이상 기체 방정식은 공기의 전체적인 성질을 드러냅니다. 마치 하나의 돌을 던져서 네 마리의 토끼를 잡듯이 이상 기체 방정식만 제대로 이해하면 굳이 보일의 법칙, 샤를의 법칙, 게이뤼삭의 법칙, 그리고 아보가드로의 법칙을 따로따로 알 필요가 없어지는 것이지요. 따라서 이상 기체 방정식은 우리가 일상에서 체험하는 공기의 행동을 설명하는 데 있어서 가장 유용하게 사용할 수 있는 관계식입니다. 이상 기체 방정식만 제대로 이해하면 우리 주변에서 일어나는 공기와 관련된 거의 모든 자연 현상을 이론적으로 쉽게 설명할 수 있게 되지요. 그러니 기억해 둘 만한 충분한 가치가 있는 관계식입니다.

》기체는 1대기압과 상온에서《 이상 기체 방정식을 따른다

그렇다면 1800년대 이전의 화학자들은 왜 공기의 전체적인 모습을 보지 못한 채 어느 특정한 단면만을 보게 된 것일까요? 그 이유는 이상 기체 방정식에 포함된 변수의 개수가 4개로 너무 많았기 때문입니다. 어떤 대상의 성격을 정확하게 파악하려면 다루는 변수가 3개 이상으로 많아지면 안 된답니다. 만약 변수의 개수가 3개 이상으로 늘어나면 대상의 성격을 정확히 파악하는 것이 불가능해지지요. 이 말이 무슨 뜻인지 이해하기 위해서 간단한 예를 들어 보도록 하지요.

여자 친구가 무엇을 더 좋아하는지를 파악하기 위해서 실험을 한다고 가정해 봅시다. 한 송이의 꽃을 더 좋아할지, 아니면 한 조각의 케이크를 더 좋아할지, 이 실험에 관여하는 변수는 3가지입니다. 좋아하는지 싫어하는지를 나타내는 여자 친구의 표정이 하나이고, 한 송이 꽃이 하나이며, 또 다른 하나는 한 조각의 케이크입니다. 여자 친구에게 꽃과 케이크를 함께 내밀면서 표정을 살피면 어떻게 될까요? 여자 친구는 좋아하면서 미소를 지었답니다. 그렇다면 여자 친구는 꽃을 더 좋아한 것일까요? 아니면 케이크를 더 좋아한 것일까요? 답은 '알 수 없다'입니다. 왜냐하면 관여하는 변수의 개수가 3개였기 때문이지요.

》관계식에 포함된 변수를《
2개로 줄여!

어떤 상대방을 파악하려면 일단 다루어야 하는 변수를 2개로 줄이는 작업이 최우선적으로 선행되어야 합니다. 그래야만 유의미한 결과를 얻게 되지요. 그래서 이번에는 한 조각의 케이크만 내밀면서 여자 친구의 표정을 살핍니다. 입꼬리만 살짝 올라갔네요. 그다음에는 다시 한 송이의 꽃을 내밀었습니다. 그랬더니 아주 환하게 웃었답니다. 그렇다면 여자 친구는 어느 쪽을 더 좋아한 것일까요? 당연히 한 송이의 꽃이겠지요. 한 번의 실험에 관여하는 변수를 2개로 줄임으로써 상대방에 대한 정확한 판단을 내릴 수 있게 된 것이지요.

공기를 가지고 실험을 했던 화학자들은 이상 기체 방정식에서 다루어야 할 변수의 개수를 2개로 줄이는 작업을 자신도 모르는 사이에 한 것이었습니다. 보일은 부피(V)와 압력(P)이라는 2개의 변수만 남겨 놓고 관찰했습니다. 샤를은 부피(V)와 온도(T)라는 2개의 변수만 관찰했지요. 게이뤼삭은 압력(P)과 온도(T)라는 2개의 변수를, 그리고 아보가드로는 부피(V)와 기체의 양(n)이라는 2개의 변수만을 관찰한 것이랍니다.

따라서 여러분도 자신의 주변에서 일어나는 실제 상황에 이상 기체 방정식을 적용할 경우에는 관계식에 포함된 4개의 변수를 2개로 줄이는 작업을 먼저 해야만 합니다.

7

에베레스트 산에 오르면 왜 숨쉬기 어려울까?

높은 산에 올라가면 숨쉬기가 어려워요. 높이 올라갈수록 공기의 양이 줄어들기 때문이지요. 공기가 얼마나 많은지를 쉽게 알 수 있는 방법은 없을까요? 저울로 일일이 무게를 측정하는 것은 불편하니 무게 대신 압력을 측정하면 어떨까요? 공기가 많아지면 압력이 어떻게 변할까요?

이상 기체 방정식은 그 속에 4개의 변수를 가지고 있습니다. 따라서 이 식을 실제 상황에 적용하려면 먼저 4개의 변수를 2개로 줄여야 하지요. 그렇게 하려면 일단 2개의 변수를 항상 일정한 값을 갖는 상수로 고정시켜야 합니다. 앞서 공기에 관련된 법칙을 발표했던 보일, 샤를, 게이뤼삭, 아보가드로와 같은 화학자들은 이처럼 변수의 개수를 4개에서 2개로 줄이는 과정을 자신도 모르게 거쳤던 것이랍니다.

》기체의 양이 늘어나면《 부피가 커져

이상 기체 방정식에서 2개의 변수가 저절로 고정되는 가장 대표적인 경우가 바로 우리가 일상적으로 살아가는 생활 환경입니다. 우리는 1기압이라는 일정한 압력의 대기 속에서 살고 있지요. 온도 또한 상온으로 고정되어 있습니다. 따라서 우리의 일상적인 생활 환경은 압력(P)과 온도(T)가 일정한 값을 갖는 조건입니다. 따라서 이상 기체 방정식에서 이 두 변수를 상수 값에 합쳐 버리면 2개의 변수만을 갖는 새로운 관계식을 얻게 되지요.

$$PV=nRT \quad \text{(R은 상수)}$$

위 식에서 P를 이항해서 P와 T를 상수 값으로 넣어 버리면

$$V=nR' \quad \text{(R'는 새로운 값의 상수)}$$

이렇게 얻어진 관계식은 우리의 일상적인 생활 환경에서 기

체의 양(n)이 늘어나면 부피(v)도 커진다는 것을 나타냅니다. 풍선을 입으로 불어서 부풀리는 상황이 여기에 해당하지요. 그런데 이처럼 부피가 늘어나려면 기체를 가두어 두는 용기를 고무와 같은 신축성이 있는 재질로 만들어야 하겠지요. 부피가 자유자재로 변하는 풍선이 그 대표적인 예입니다.

》기체의 양이 늘어나면《 압력이 높아져

만약 용기가 쇠와 같은 딱딱한 재질로 만들어져 있다면 어떻게 될까요? 이번에는 부피(v) 값이 하나로 고정되어 상수가 되고, 그 대신 압력(p)이 변하게 됩니다. 온도는 상온으로 일정하므로, 부피(v)와 온도(T)가 상수 값이 되는 것이지요. 이렇게 2개의 변수를 상수 값으로 고정시키면 새로운 관계식을 얻게 됩니다.

$$PV=nRT \text{ (R은 상수)}$$

위 식에서 V를 이항해서 V와 T를 상수 값으로 넣어 버리면

$$P=nR' \text{ (R'는 새로운 값의 상수)}$$

이 식은 부피가 일정할 경우, 기체의 양(n)이 늘어나면 이에 비례하여 압력(p)이 높아진다는 것을 보여 줍니다. 이는 보이지 않는 기체의 양을 판단해야만 하는 상황에서 적용할 수 있는 매우 중요한 관계식이랍니다.

쉽게 배우는 이상 기체 방정식

》압력 게이지로《
기체의 양을 재

흔히 고체와 액체의 양은 무게나 부피를 측량하여 판단합니다. 고체의 경우에는 주로 무게를 측량하고 액체의 경우에는 대부분 부피를 재지요. 굳이 측량을 하지 않더라도 고체와 액체는 눈에 보이기 때문에 눈대중으로도 많고 적음을 쉽게 판단할 수가 있지요. 하지만 기체에 대해서는 그와 같은 판단을 전혀 할 수가 없습니다. 눈에 보이지 않으니 말입니다. 그래서 기체의 양을 측량하려면 무게나 부피를 재는 것보다 더 간단하고 쉬운 방법이 필요합니다. 그것이 바로 기체의 압력을 재는 방법입니다.

위 관계식에서 보듯이 일정한 부피의 용기 속에 들어 있는 기체의 압력을 재면 곧바로 기체의 양이 많은지 적은지를 알 수 있게 됩니다. 압력이 높으면 기체가 많은 것이고, 압력이 떨어지면 기체가 줄어든 것이지요. 그래서 천연가스로 움직이는 자동차의 연료통, 식당에서 사용하는 프로판가스통, 잠수부가 쓰는 산소통, 의료 기관의 산소 탱크, 실험실에 있는 각종 가스 탱크에는 모두 압력 게이지가 하나씩 붙어 있답니다. 그뿐만이 아닙니다. 공장에서 기체를 다루는 모든 공정 라인에도 반드시 압력 게이지가 붙어 있게 마련이지요. 기체의 양을 판단하기 위해서 기체의 압력을 재는 게이지가 붙어 있는 것이지요.

》 높이 올라갈수록 《
압력이 내려가고, 산소도 줄어

지구의 대기권을 채우고 있는 공기는 지구 중력의 영향을 받아서 지표면을 향해서 쏠리면서 아래쪽에 모여 있습니다. 그러다 보니 지표면에서 측정한 공기의 압력은 1기압이지만 높은 곳으로 올라갈수록 압력이 급격하게 내려가기 시작합니다. 높은 고도로 올라갈수록 공기의 양이 빠르게 줄어들기 때문이지요.

따라서 고도에 따른 압력 값으로부터 대략적인 공기의 양을 가늠해 볼 수 있답니다. 여객기가 날아다니는 고도 6Km 상공에서는 압력이 대략 1/2기압으로 떨어집니다. 공기의 양이 반으로 줄어든 것이지요. 비행기 안의 산소의 양도 반으로 줄어듭니다.

쉽게 배우는 이상 기체 방정식

그대로 두면 승객들이 호흡 곤란을 겪게 되지요. 그래서 비행기에는 선실 안으로 공기를 불어 넣어 인위적으로 압력을 높여 주는 장치가 작동합니다.

더 높이 올라가서 에베레스트산 정상에 해당하는 고도 9Km 상공에 이르면 압력은 1/3기압으로 떨어집니다. 공기의 양이 거의 1/3로 줄어든 것이지요. 따라서 보통 사람은 에베레스트산 정상에 오르면 숨도 제대로 쉴 수 없답니다. 산소 호흡기에 의존해야만 등반을 할 수 있지요. 대류권이 끝나고 성층권이 시작되는 고도 15Km 정도까지 올라가면 압력은 1/10기압으로 떨어지면서 거의 진공 상태에 가까워집니다.

이처럼 이상 기체의 법칙을 적용하면 눈에 보이지 않고 만져지지도 않는 기체를 압력을 통해서 쉽게 확인하고 그 양을 정확하게 측량할 수 있게 됩니다.

8

화학자들이 하늘을 처음으로 날았다고?

하늘을 나는 것은 인류의 오랜 꿈이었어요. 화학자 샤를은 헬륨보다 더 가벼운 수소를 풍선에 채우면 더 쉽게 날아 올라갈 수 있다는 사실을 발견했지요. 샤를은 엄청나게 커다란 수소 풍선을 만들어 바구니를 매달았어요. 과연 샤를은 하늘을 나는 데 성공했을까요?

인류의 비행사에 있어서 1783년은 기억해 놓아도 좋을 만한 아주 특별한 해입니다. 그해에 처음으로 사람을 태운 풍선이 하늘을 날았기 때문이지요. 그것도 서로 다른 방식으로 만들어진 두 가지의 아주 독특한 풍선들이 각자 나름대로 하늘로 날아오르는 데 성공한 해입니다.

프랑스의 화학자 샤를은 천에 고무를 입혀서 밀폐된 풍선을 만들고 그 속에 공기뿐만 아니라 여러 다른 종류의 기체를 채워 보는 간단한 실험을 했습니다. 샤를이 수소를 채운 풍선을 만들게 된 데에는 약 100여 년 전 발표된 보일의 법칙과 1700년대 중반에 이산화 탄소 기체를 확인한 영국의 화학자 블랙, 그리고 같은 시기에 수소 기체를 확인한 캐번디시의 영향이 매우 컸습니다. 서로 다른 기체들을 이용한 간단한 실험을 해 본 샤를은 풍선에 수소 기체를 채우면 다른 기체를 채웠을 때에 비하여 훨씬 가벼워진다는 사실을 발견합니다. 샤를은 엄청나게 큰 풍선을 만들어서 하늘을 날아야겠다는 결심을 하게 되지요.

》 샤를, 수소 풍선을 타고 《 하늘을 날다

사실 이때 샤를은 "같은 온도와 같은 압력 하에서, 같은 부피 속에는 같은 개수의 기체 입자들이 존재한다"는 아보가드로의 법칙을 이미 실험과 경험을 통해서 간파하고 있었답니다. 하지만 샤를은 이 문제를 두고 더 깊이 고민하거나 연구로 이어 갈 생각은 없었죠. 그보다는 하늘을 나는 것이 훨씬 더 신나고 흥미로운 일이었으니 말입니다.

마침내 커다란 수소 풍선을 만든 샤를은 1783년 풍선에 매단 바구니에 직접 타고, 파리 상공 550미터까지 올라가서 2시간 동안 옆으로 35Km를 날아가는 데 성공합니다. 사람을 태우고 하늘을 난 최초의 수소 풍선이었지요.

비슷한 시기에 하늘을 날아 보겠다는 생각을 품었던 또 다른 사람들이 있었습니다. 그들은 프랑스에서 종이를 만드는 사업을 하던 몽골피에 형제였습니다. 이들 형제는 뒤집어 놓은 항아리처럼 생긴 딱딱하지만 가벼운 용기를 종이를 겹겹이 붙여서 만들고 그 아래쪽 열린 입구에 불을 지필 수 있는 화로를 장착한 최초의 열기구를 만들었습니다.

》 몽골피에 형제, 《
최초의 열기구를 만들다

샤를이 수소 풍선을 타고 날았던 같은 해인 1783년 종이로 만든 몽골피에 형제의 열기구가 조종사를 태우고 파리 상공 1Km 높이까지 올라가서 옆으로 10Km를 날아가는 놀라운 장면을 연출합니다. 사람을 태우고 하늘을 난 최초의 열기구였지요.

그로부터 2년 후 몽골피에 형제의 열기구를 몰고 처음 하늘을 날았던 프랑스의 화학 교사 로지에르는 샤를의 수소 풍선과 몽골피에 형제의 열기구를 합친 자신만의 독특한 구조를 갖는 기구

몽골피에 형제의
열기구

샤를의
수소 풍선

를 만들어서 대서양 횡단에 도전합니다. 그러나 사고로 인해서 바다로 나가 보지도 못한 채 안타깝게도 목숨을 잃고 말았습니다,

　이후에도 사람들은 풍선이나 열기구를 이용하여 먼 거리를 이동하기 위한 많은 시도를 이어 갑니다. 그러나 문제는 잦은 사고였습니다. 수소를 가득 채운 샤를의 풍선은 높은 상공을 짧은 시간에 치솟아 올라가는 데에는 아주 적격이었지만 옆으로 먼 거리를 여행하는 데에는 많은 문제를 안고 있었습니다. 수소 기체가 새면서 높이를 마음대로 조절하기 힘들었고 무엇보다도 걸핏하면 수소 기체가 폭발하기 일쑤였지요. 먼 거리를 옆으로 날아서 이동하는 데에는 뜨거운 공기를 채우는 몽골피에 형제의 열기구가 더 적격이었지만 많은 양의 땔감을 실어야 한다는 점이 걸림돌이었습니다.

결국 하늘을 날아서 먼 거리를 여행하려면 모든 가능한 방법을 다 동원해서 기구를 최대한 가볍게 만들어야만 했습니다. 이를 위해서는 기체의 성질을 정확히 알아야만 했는데 그러려면 무엇보다도 이상 기체 방정식을 제대로 이해해야만 했지요. 이상 기체 방정식 속에 기구를 최대한 가볍게 만들기 위한 단서들이 모두 숨어 있었기 때문입니다.

9

하늘을 나는 세 가지 비법이 있다고?

모닥불의 뜨거운 연기는 왜 항상 위로만 올라갈까요? 공기가 뜨거워지면 가벼워지기 때문이에요. 하늘을 날기 위해서 열기구 속의 공기를 뜨겁게 달구는 이유도 바로 이 때문이겠죠? 그렇다면 굳이 헬륨이나 수소가 없더라도 하늘을 잘 날 수 있을까요?

우리가 자주 쓰는 '가볍다'라는 말은 사실 두 가지 서로 다른 의미를 나타냅니다. 보통 가볍다는 것은 말 그대로 무게가 적게 나간다는 뜻입니다. 그런데 가볍다는 것이 '밀도가 작다'는 것을 의미하는 경우도 많지요. '나무가 가벼워서 물에 뜬다'라고 할 때 가볍다는 의미는 밀도가 작다는 것이지 무게가 적게 나간다는 뜻은 결코 아닙니다. 엄청나게 크고 무거운 나무도 밀도가 작아서 물에 뜨니 말입니다.

따라서 물 위를 떠다니거나 하늘을 날아다니려면 무엇보다도 밀도의 의미를 정확하게 파악하고 있어야만 합니다. 1700년대 후반에 하늘을 날기 위해서 모험에 나섰던 화학자 샤를과 화학 교사 로지에르는 이 점을 너무도 잘 알고 있었음이 틀림없습니다.

그렇다면 어떤 경우에 기체의 밀도가 작아져서 가벼워지는 것일까요? 답을 얻으려면 일단 밀도의 개념부터 들여다볼 필요가 있습니다. 밀도를 식으로 표현하면 다음과 같습니다.

밀도=무게/부피=(입자 하나의 무게×입자 개수)/부피

위 식을 잘 들여다보면 기체의 밀도를 작게 만들 수 있는 방법이 최대 세 가지가 있다는 것을 알 수 있습니다. 입자 하나의 무게를 작게 하거나, 입자의 개수를 줄이거나, 아니면 부피를 늘리는 것이지요. 다시 말해서 밀도 식에서 분자 항의 크기는 줄이고 분모 항의 크기는 늘리는 것입니다. 그렇다면 각 개별 방법을 실제로는 어떻게 실현할 수 있는지 살펴봅시다.

쉽게 배우는 이상 기체 방정식

》첫 번째《
무게를 줄여라!

밀도를 줄이는 첫 번째 방법은 기체 입자 하나의 무게 자체를 줄이는 것입니다. 입자 하나의 무게, 즉 분자량이 작은 기체를 사용하는 것이지요. 이 원리를 적용한 것이 바로 수소 기체를 채운 샤를의 풍선이었습니다. 풍선에 분자 중에 가장 가벼운 수소를 채움으로써 전체 기체의 무게를 줄였던 것입니다.

우리는 오늘날에도 이 원리를 이용해서 공중에 풍선을 띄웁니다. 각종 행사장에서 풍선을 띄우고 상업용 광고를 위해서 애드벌룬이라는 커다란 풍선을 띄웁니다. 과거에는 이들 풍선에 수소 기체를 채웠답니다. 이제는 수소 대신 헬륨 기체를 채웁니다. 헬륨은 반응성이 거의 없는 비활성 기체여서 폭발의 위험이 전혀 없기 때문이지요.

그러나 헬륨은 귀하고 비싼 천연자원인 데다가 최근에는 거의 고갈 상태여서 앞으로는 그 가격이 계속 오를 전망이랍니다. 그러다 보니 일부 비양심적인 업자들은 헬륨 대신에 값이 싼 수소를 채우고 싶은 유혹을 느낄 수밖에 없지요. 그 결과는 굳이 안 보아도 뻔합니다. 분명 화재나 폭발 사고로 이어지게 되고 양심을 저버린 대가로 쇠고랑을 차게 될 수도 있습니다. 그렇다면 헬륨을 대신할 가벼운 기체가 수소 이외에는 없을까요? 현재로서는 없답니다. 비싸더라도 반드시 헬륨을 써야만 합니다.

》두 번째《
개수를 줄여라!

밀도를 작게 만드는 두 번째 방법은 기체 입자의 개수를 줄이는 것입니다. 이는 입구가 열려 있고 딱딱한 재질로 만들어서 부피가 변하지 않는 용기를 사용하는 경우에 해당합니다. 몽골피에 형제의 열기구가 바로 이 경우입니다. 부피 값은 고정되어 있고 압력은 대기압이므로 부피(V)와 압력(P)의 값은 상수가 됩니다. 따라서 이상 기체 방정식에서 부피와 압력을 상수로 합치고 나면 'nT=상수'라는 새로운 관계식을 얻게 됩니다. 다시 말해서 "기체의 입자 수(n)가 온도(T)에 반비례한다"라는 관계식을 얻게 되는 것이지요. 따라서 일정한 부피의 용기에 들어 있는 공기를 가열하여 온도를 높이면 공기 입자의 개수는 거꾸로 줄어들게 됩니다. 그 결과 밀도 식의 분자 항의 값이 작아지면서 밀도가 낮아지지요. 종이로 열기구를 만들었던 몽골피에 형제는 이러한 사실을 잘 알고 있었던 것이지요.

오늘날에도 우리는 이 원리를 활용한 상품을 쉽게 만날 수 있습니다. 바로 관광지에서 종종 만나게 되는 글 풍선입니다. 얇은 종이로 만든 커다란 봉지 위에 자신의 희망이나 메시지를 써서 띄워 보내는 글 풍선은 몽골피에 형제가 만들었던 열기구의 축소판입니다. 뒤집은 봉지의 열린 입구에 매단 불쏘시개에 불을 붙이면 봉지 속 공기의 온도가 올라가면서 속에 들어 있던 공기 입자의 개수가 줄어들어 무게가 가벼워집니다. 결국 밀도가 작아져서 글

쉽게 배우는 이상 기체 방정식

풍선은 하늘로 두둥실 떠오르기 시작하지요.

》세 번째 《
부피를 늘려라!

기체의 밀도를 줄이는 마지막 방법은 밀도 식의 분모 항에 있는 부피의 값을 크게 늘리는 것입니다. 그렇다면 어떻게 하면 기체의 부피를 늘릴 수 있을까요? 아래의 이상 기체 방정식 안에 바로 그 답이 있습니다.

$$PV=nRT \text{ (R은 상수)}$$

일정한 양의 기체를 다루고 있는 것이므로 기체의 양(n)은 상수입니다. 1기압의 대기압 하에서 이루어지는 일이므로 압력(P)도 상수이지요. 따라서 위의 이상 기체 방정식에서 이 2개의 변수를 상수로 합치고 나면 'V/T=상수'라는 샤를의 법칙을 얻게 됩니다. 기체의 부피가 온도에 비례한다는 관계식이지요. 따라서 신축성이 있는 용기에 든 기체의 부피를 늘리려면 기체의 온도를 높이면 됩니다. 쉽게 말해서 기체를 가열하면 되는 것이지요.

불로 가열하여 온도를 높이면 공기가 가벼워진다는 사실은 모두가 체험을 통해서 잘 알고 있습니다. 불타는 장작에서 발생한 뜨거운 연기는 항상 위를 향해서 움직이고 공장 굴뚝에서 나온 더운 증기도 항상 하늘을 향해 올라가지요. 이처럼 데워진 공기가 위로 올라가는 이유는 온도가 높아지면서 공기의 부피가 늘어났

이상 기체의 법칙

PV=nRT

기 때문입니다. 밀도 식의 분모 항에 있는 부피 값이 커지다 보니 밀도가 작아진 것이지요.

우리는 일상생활에서 알게 모르게 이 원리를 적극적으로 활용합니다. 고기를 구워 먹기 위해서 석쇠를 불 밑에 놓는 사람은 없습니다. 뜨거워진 공기가 위로 올라가니 당연히 석쇠는 불 위에 놓아야 하지요. 겨울철 나무 장작 난로의 연통은 반드시 위쪽에 설치하고 바람구멍은 아래쪽에 설치합니다. 바람구멍으로 들어온 차가운 공기가 불에 데워져 가벼워지면 위쪽으로 빠져나가기 때문이지요. 부엌의 환기용 팬은 항상 그릴의 위쪽에 설치합니다. 그릴에서 덥혀진 더운 공기는 위로 뜨기 때문이지요. 난방용 라디에이터의 바람구멍은 위를 향하고 있습니다. 라디에이터에서 나온 따뜻한 바람은 위로 올라가기 때문이지요. 모두 공기가 가열되

　　　　　　　　　　　　　　　쉽게 배우는 이상 기체 방정식

면 부피가 늘어나면서 밀도가 낮아지기 때문에 관찰되는 현상이 랍니다.

무엇인가 기체를 채운 물건이 하늘로 높이 떠오른다면 그 현상에는 기체의 밀도를 낮추는 이 세 가지 방법 중에서 적어도 하나는 반드시 관여한답니다.

10

열기구로 세계 일주를 성공했을까?

헬륨 풍선에 매달려서 얼마나 멀리 날아갈 수 있을까요? 열기구를 탄 채 바람을 타고 계속 날아가다 보면 전 세계를 한 바퀴 돌 수 있지 않을까요? 실제로 커다란 헬륨 풍선이나 열기구를 타고 세계 일주를 한 사람이 있을까요?

샤를의 풍선과 몽골피에의 열기구가 파리 상공을 날았던 1783년 이후 기구 여행에 대한 끝없는 도전이 시작됩니다. 모험가들에게 있어서 넘어야 할 가장 큰 산이자 최종 목표는 기구를 타고 지구 한 바퀴를 멈추지 않고 한 번에 도는 세계 일주였습니다. 바람에 자신을 내맡길 수밖에 없는 기구의 특성상 쉬지 않고 그렇게 먼 거리를 한 번에 간다는 것은 거의 불가능에 가까운 모험이었지요.

그러나 불가능해 보이던 최종 목표는 약 200여 년이 지난 1999년 3월, 브라이틀링이라는 스위스 시계 업체의 지원을 받아 기구를 제작해 세계 일주 여행에 나선 스위스의 정신과 의사 베르트랑 피카르에 의해 마침내 이루어집니다.

그보다 먼저 같은 해 1월, 영국의 브랜슨 경이 이끄는 팀이 직경이 무려 140미터에 이르는 엄청난 크기의 헬륨 풍선으로 그 목표에 도전했었지요. 영국 팀은 바람의 영향을 받지 않기 위해서 고도 35Km의 성층권 중심으로까지 올라가는 과감한 경로를 선택했으나 그들의 풍선은 오래 버텨 주지 못했답니다. 지구의 반 이상을 돌았으나 결국 하와이 인근의 바다에 빠지면서 세계 일주 여행은 실패로 끝납니다.

》기체의 밀도를 줄이는《
세 가지 방법이 필요해

바람을 피하려고 했던 브랜슨 경과는 달리 피카르는 오히려 바람을 역이용하기로 마음먹고 유능한 기상학자들로 이루어진 탄탄한 지상 팀을 꾸렸습니다. 그는 20여 일 동안 이어진 기구 여행 내내 이들 기상학자들로부터 최신 기상 정보를 전송받아서 바람과 바람 사이를 교묘하게 나는 현란한 비행경로를 선택합니다. 그리고 마침내 기구로 지구 한 바퀴를 한 번에 도는 세계 일주의 벽을 돌파하지요.

'오비터 3(Orbiter Ⅲ)'이라고 명명된 피카르의 열기구는 1700년대 로지에르가 제작했던 것과 똑같은 구조를 가지고 있습니다. 아래쪽 입구가 열려 있는 항아리 모양의 커다란 주머니 속에 헬륨을 채운 또 하나의 밀폐된 풍선을 넣은 구조로, 몽골피에 형제의 열기구에 샤를의 수소 풍선을 합치는 방식이었습니다. 가장 큰 차이는 로지에르의 기구가 딱딱한 재질로 만들어져서 부피가 변하지 않았던 반면 피카르의 기구는 '마일라'라고 하는 아주 얇고 질긴 플라스틱 수지를 사용해서 부피를 조절할 수 있었습니다.

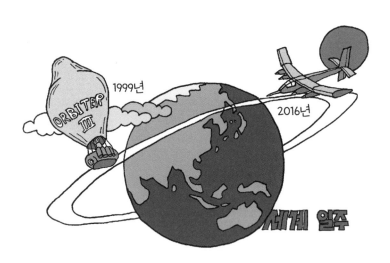

쉽게 배우는 이상 기체 방정식

피카르가 기구 세계 일주 여행을 성공적으로 마칠 수 있었던 데에는, 기체의 밀도를 줄이기 위해 이상 기체 방정식을 응용하는 세 가지 방법을 동시에 모두 동원함으로써 기구의 뜨는 능력을 극대화한 것이 큰 몫을 했습니다. 일단 커다란 주머니 속에 들어 있는 또 하나의 밀폐된 풍선에 공기보다 훨씬 가벼운 헬륨 기체를 채움으로써 부력을 얻습니다. 기체의 밀도를 작게 하는 첫 번째 방법으로 샤를이 처음 사용한 방법이지요. 그다음에는 이 헬륨 풍선을 바깥에서 감싸고 있는 커다란 주머니의 아래쪽 열린 입구에 있는 프로판 버너에 불을 붙여서, 그 안에 있는 공기를 덥힘으로써 부력을 얻습니다. 기체의 밀도를 작게 만드는 두 번째 방법으로 몽골피에 형제의 열기구에 사용된 방법이지요. 그런데 이 과정에서 헬륨이 채워져 있던 풍선도 덩달아 가열되면서 부피가 팽창하여 추가의 부력이 생깁니다. 온도를 높여서 기체의 부피를 크게 만들면 기체의 밀도가 작아졌던 세 번째 방법입니다.

이처럼 이상 기체 방정식을 통해서 얻을 수 있는, 밀도를 작게 만드는 모든 가능한 방법을 다 동원한 것을 보면 피카르는 이상 기체 방정식을 그 누구보다도 잘 이해하고 있었던 사람입니다.

흥미로운 것은 베르트랑 피카르의 집안사람들이 모두 화학과 매우 깊은 관계를 가지고 있었다는 사실입니다. 베르트랑 피카르의 증조할아버지인 쥘 피카르는 1800년대 후반 스위스 바젤 대학의 화학 교수였습니다.

그에게는 쌍둥이 아들이 있었는데 그중 하나인 장 피카르는 미국으로 건너가 시카고 대학, MIT, 미네소타 대학 등 여러 곳에서 화학을 가르쳤던 미국의 화학자였답니다. 그는 1936년 플라스틱 수지를 이용한 열기구를 최초로 개발하고 이를 더욱 발전시켰으며, 미국 정부의 다양한 연구에도 관여했지요.

쌍둥이 형제 중 다른 하나인 오귀스트 피카르는 1922년 벨기에 브뤼셀 대학의 교수가 된 스위스의 물리학자였습니다. 대기권과 우주 방사선에 특히 관심이 많았던 오귀스트 피카르는 1931년 헬륨을 가득 채운 풍선에 매달린 밀폐된 둥근 곤돌라를 타고 고도 15Km까지 올라가 성층권에 관련된 많은 데이터를 수집해 옵니다. 이 여행으로 오귀스트 피카르는 최초로 성층권에 진입한 사람으로 인정받습니다.

그는 이후에도 헬륨 풍선을 타고 수차례 성층권에 진입하여 최고 23Km까지 올라가는 데 성공하지요. 그 과정에서 오귀스트 피카르는 자신이 사용했던 밀폐된 곤돌라를 개조하면 깊은 바다에 들어갈 수 있는 잠수정을 만들 수도 있겠다는 생각에 착안하여 최초의 심해 잠수정을 개발합니다.

결국 베르트랑 피카르의 할아버지인 쌍둥이 형제 중 한 명은 몽골피에의 열기구를 더욱 발전시켰고, 다른 한 명은 샤를의 풍선을 이어받아 발전시킨 인물입니다. 둘 다 과학자이자 모험가였지요. 그러나 이들의 모험은 거기에서 끝나지 않고 혈육을 타고 계속 이어집니다.

쉽게 배우는 이상 기체 방정식

》 태양 에너지만을 사용하여 《
하늘을 날겠다고?

오귀스트 피카르에게는 자크 피카르라는 아들이 있었는데 그는 해양학자가 되어 깊은 바다를 연구하다가 아버지의 뒤를 이어 '트리에스테'라고 명명한 심해 잠수정을 개발합니다. 1960년 자크 피카르는 자신이 개발한 트리에스테호를 타고 수심 11Km까지 내려갔다가 무사히 돌아오는 놀라운 기록을 세웁니다. 자크 피카르의 아들인 베르트랑 피카르는 그 해 두 살배기 아기였습니다.

이처럼 온통 과학자이자 모험가인 가족들에 둘러싸여 지냈던 베르트랑 피카르는 새로운 모험에 도전하는 것을 자연스럽게 여겼습니다. 1999년 자신이 개발한 기구를 타고 세계 일주를 마친 그는 곧바로 또 다른 모험에 도전장을 내밉니다. 태양 에너지만을 사용하여 하늘을 나는 비행기를 개발하고 그 비행기를 타고 세계 일주를 하겠다는 것이었지요. 어찌 보면 황당하고 무모한 도전 같았지만 2016년 7월, 태양 전지만으로 작동하는 '솔러임펄스 (Solar Impulse)'라는 글라이더를 몰고 총 16개월간의 비행을 통해 또 한 번의 세계 일주를 가뿐하게 완수해 냅니다.

🧪 왜 우리는 공기를 마셔야 할까?

우리 몸의 60%는 물(H_2O)로 구성되어 있고,

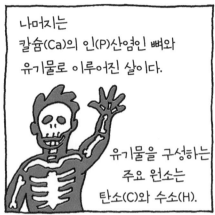

나머지는 칼슘(Ca)의 인(P)산염인 뼈와 유기물로 이루어진 살이다.

유기물을 구성하는 주요 원소는 탄소(C)와 수소(H).

결국

우리가 먹고 마시는 것들이 다 몸이 된다.

인체의 구성 성분
산소 O
탄소 C }96%
수소 H
질소 N
칼슘 Ca
인 P

엥? 그럼 공기도 몸이 되나?

왜 우리는 공기를 마셔야 하지?

사실, 우리 인체는 식물이 포획해 들인 태양 에너지를 저장하는 창고이다.

이 창고에서 에너지를 인출하는 데 필요한 것이 바로

공기 중의 산소(O_2)이다.

탄소(C)와 수소(H)는 산소(O)를 만나
산화물인 이산화 탄소(CO_2)와
물(H_2O)이 된다.

그 과정에서
우리는 에너지(E)를
얻게 된다.

식물이 이산화 탄소와 물로 유기물을
만들고, 그 속에 태양 에너지를
저장해 두는 과정을
광합성 반응이라고 한다.

그 과정에서 만들어진
산소는 공기 중으로
들어가지.

(광합성 반응)
이산화 탄소 + 물 ➡ 산소 + 유기물

공기 중 산소를 이용해서
유기물 속 에너지를
다시 뽑아내
사용하는데

이 과정을 연소 반응이라고 해.
(연소 반응)
유기물 + 산소 ➡ 이산화 탄소 + 물
에너지

말 그대로 몸을 태우는 거네.

11

대부분의 화학 반응에 산소가 관여한다고?

우리는 왜 공기를 마셔야만 할까요? 쇠는 왜 공기 중에서 녹이 슬어 버릴까요? 음식은 왜 공기 중에서 상할까요? 불을 지피려면 왜 공기를 불어 넣어야 할까요? 도대체 공기 속에 어떤 물질이 있어서 이런 변화를 일으키는지 알아보아요.

기원전 400년경 고대 그리스 철학자들은 이 세상이 물, 불, 흙, 그리고 공기라는 네 가지의 기본 원소들로 구성되어 있다고 주장했습니다. 우리 주변의 다양한 물질들은 다 이 네 가지 원소들의 서로 다른 조합을 통해서 만들어진다고 보았지요. 고대 그리스 철학자들의 이러한 관점을 오늘날 우리는 4원소설이라고 일컫습니다.

이후 여러 다양하고 그럴듯한 주장들이 제기되었지만 4원소설에 입각한 기본적인 생각의 틀은 연금술이 본격적으로 시작된 중세 시대를 거쳐 17세기에 이르기까지도 크게 바뀌지 않았습니다. 사람들은 그때까지만 해도 대기가 공기라는 한 종류의 원소만으로 채워져 있다고 생각했답니다. 그러다 보니 당시의 사람들은 물질에 불이 붙는 현상을 제대로 이해하지 못했고 더구나 물질이 부식되는 현상은 설명할 수도 없었습니다.

불에 타는 현상을 설명하기 위해서 연금술사들은 고대 그리스 철학자들이 주장한 4원소 중의 하나인 불에 해당하는 '열소(phlo-giston)'라고 하는 입자를 따로 가정했습니다. 그래서 열소를 많이 가지고 있는 물질이 곧 땔감이라고 여겼지요. 땔감을 태우면 속에 들어 있던 열소가 떨어져 나오면서 불이 되고 뒤에는 열소가 빠져나간 재만 남게 된다고 보았습니다. 공기 중으로 달아났던 열소는 이내 자라는 나무에 다시 흡수되어 땔감으로 되살아난다고 믿었습니다. 지금 들어도 정말 그럴듯한 이론이지요.

하지만 1700년대 중반 프랑스 화학자 라부아지에가 공기 중에 산소가 존재한다는 것과 이 산소가 있어야만 땔감이 탄다는 사실을 알아냅니다. 사람들은 공기 그 자체는 원소가 아니라는 사실을 알게 된 것이지요. 비슷한 시기에 영국 화학자들에 의해서 이산화 탄소와 질소의 존재가 밝혀지면서, 마침내 공기가 서로 다른 원소인 질소와 산소가 섞여 있는 기체 용액이라는 사실을 알게 됩니다. 그리고 불의 원천도 열소가 아니라 땔감과 공기 중의 산소가 반응하면서 발생한 열이라는 사실을 어렴풋이나마 깨닫기 시작합니다.

》대부분의 변화는《
산소와 반응하는 산화 반응

대기 중에서 일어나는 거의 모든 변화는 산소가 관여하는 반응입니다. 산소의 존재를 모르고는 사실상 아무것도 제대로 이해할 수가 없지요. 따라서 1700년대까지만 해도 화학 지식의 수준은 깜깜한 곳에서 손으로 더듬는 것이나 다름이 없는 그야말로 걸음마 수준이었답니다. 그러나 산소의 존재가 알려지면서 마침내 1800년대부터 화학자들의 연구 활동에도 불이 붙었습니다.

공기 중에 산소가 섞여 있다는 사실이 알려지면서 마침내 그동안 설명할 수 없었던 복잡한 퍼즐들이 하나씩 풀리기 시작합니다. 공기 중에 존재하는 산소가 대부분의 화학 반응에 관여한다는 사실을 깨닫게 되었고, 그 사실을 토대로 우리 주변에서 일어나는 온갖 서로 다른 변화들을 설명하기 시작합니다. 땔감에 불이 붙는 연소, 쇠가 녹스는 부식, 음식이 변하고 상하는 부패, 심지어 동물

호흡 부패 부식 연소

산화물

들이 생명을 유지하는 호흡에 이르기까지 일상적으로 일어나는
수많은 화학 반응의 실체를 감싸고 있었던 베일이 빠르게 걷히기
시작합니다. 언뜻 보기에는 서로 연관이 없어 보이지만 실제로 우
리 주변에서 일어나는 대부분의 변화들은, 공기 중의 산소와 반응
하여 산화물로 변하는 산화 반응들입니다. 그러다 보니 공기 중의
산소를 이해하게 되면서 수많은 화학 반응들의 실체도 마침내 제
대로 이해할 수 있게 된 것이지요.

12

산소는 어디서 만들어질까?

공기는 얼마나 많은 양의 산소를 가지고 있을까요? 우리가 계속 숨을 쉬는데도 왜 공기 중의 산소는 동나지 않을까요? 어디에선가 산소가 계속 만들어지고 있는 것 같아요. 공기에 있는 산소는 어디에서 어떻게 만들어질까요?

외계인이 지구를 방문한다고 가정해 보지요. 파란색 바다를 배경으로 하얀색 구름이 시시각각 다른 모습을 연출하고 있는 지구. 그 지구를 향해서 다가오는 외계인을 가장 놀라게 하는 사실은 무엇일까요? 지구에 엄청나게 많은 양의 물이 존재한다는 사실일까요?

지구에 많은 양의 물이 액체 상태로 존재한다는 것은 분명 놀라운 사실입니다. 하지만 태양계로 들어선 외계인은 많은 양의 물을 가진 행성과 위성을 이미 여러 개 지나쳐 왔답니다. 액체 상태의 물을 가지고 있는 토성의 위성인 엔셀라두스와 목성의 위성인 유로파를 지나쳐 왔고, 심지어 세레스라는 커다란 소행성에도 물이 존재하는 것을 확인했지요. 더구나 물의 고체 상태인 얼음은 수많은 다른 행성에서도 발견되지요. 심지어 황폐하기 이를 데 없는 화성의 땅속에서도 상당한 양의 얼음이 발견됩니다. 그렇다면 지구에 물이 존재한다는 사실 하나만으로는 그리 놀랄 일은 아닌 것 같군요.

》 모든 원자들이 《
산소를 매우 좋아해

그런데 지구에 도달한 외계인을 깜짝 놀라게 할 또 다른 사실이 있답니다. 그것은 바로 지구의 대기 중에 굉장히 많은 양의 산소가 존재한다는 것입니다. 우리로서는 너무나 당연한 것이 어째서 그들에게는 그리도 놀라운 사실일까요?

주기율표에는 우주를 구성하는 약 100여 가지의 서로 다른 원소들에 대한 원소 기호가 집대성되어 있습니다. 그런데 그중에서 금, 은, 백금, 헬륨, 네온, 아르곤 등 열 손가락 안에 들어가는 극소수의 원소들을 제외한 거의 모든 종류의 원자들이 산소를 매우 좋아합니다. 그래서 이들 대부분의 원자들은 산소를 만나면 서로 결합을 형성하면서 합쳐져 산화물을 만듭니다. 수소(H_2)가 산소(O_2)를 만나면 수소의 산화물인 물(H_2O)이 되고, 탄소(C)가 산소(O_2)를 만나면 탄소의 산화물인 이산화 탄소(CO_2)가 되며, 철(Fe)은 산소를 만나서 철의 산화물인 산화 철(Fe_2O_3)이 되지요. 이처럼 모든 원자들이 산소를 좋아하다 보니 대기 중에 반응하지 않고 남아 있는 산소가 있을 리가 만무합니다. 그래서 대부분의 행성과 위성의 대기에는 산소가 존재하지 않습니다. 그런데 예외가 있지요. 그것이 바로 우리의 지구입니다.

》산소는《
광합성 작용의 산물

지구의 대기는 78%의 질소(N_2)와 1%의 아르곤(Ar), 그리고 21%의 산소(O_2)로 구성되어 있는 공기로 채워져 있습니다. 대기의 거의 5분의 1이 산소로 채워져 있다는 것은 굉장히 놀라운 사실입니다. 어디에선가 상당히 많은 양의 산소가 끊임없이 만들어지고 있다는 것을 여실히 보여 주기 때문입니다.

공기 중의 산소는 식물의 광합성 작용을 통해서 만들어진 산물입니다. 다시 말해서 산소는 생명체에 의해서 만들어집니다. 따라서 지구의 대기에 많은 양의 산소가 존재한다는 사실은 곧 그 행성에 생명체가 존재한다는 움직일 수 없는 증거가 됩니다. 이처럼 많은 양의 산소가 저절로 만들어질 수 있는 자연스러운 방법이 달리 없기 때문입니다. 그러니 대기 중에 21%의 산소가 존재한다는 것을 발견한 외계인이 어찌 놀라지 않을 수 있겠습니까? 지구에 생명체가 존재한다는 확실한 증거를 발견한 것이니 놀랄 수밖에 없지요.

이처럼 산소와 물은 어떤 행성이나 위성에 생명체가 존재한다는 것을 보여 주는 일종의 '바이오-사인(bio-sign)'이나 다름이 없습니다. 굳이 우주선을 타고 방문을 해서 확인하지 않더라도 천체 망원경을 통해서 관찰을 하면서, 어떤 행성의 대기 중에 물과 산소가 존재하는지를 확인하는 것만으로도 외계 생명체가 존재하는지를 쉽게 가늠해 볼 수 있답니다.

13

철기 시대의 유물이 별로 없는 이유는?

모닥불을 지피면 왜 뜨거운 열이 발생할까요? 공기 중의 산소가 장작과 화학 반응을 하면서 열이 발생하는 거지요. 그렇다면 쇠가 산소와 반응하면서 녹이 슬어도 열이 발생할까요? 당연히 발생한답니다. 너무나 천천히 녹이 슬어서 우리가 잘 느끼지는 못하지요.

박물관에 전시된 고대의 유물들을 구경하다 보면 한 가지 눈에 뜨이는 점이 있습니다. 석기와 청동기 시대의 유물은 굉장히 많으나 이상하게도 삼한에서 가야로 이어지는 철기 문명과 관련된 유물은 별로 남아 있는 것이 없다는 사실입니다. 왜 그럴까요?

그것은 바로 돌이나 청동에 비해서 쇠가 아주 쉽게 녹슬기 때문이지요. 단단한 쇠로 된 유물의 대부분이 녹이 슬어서 푸석푸석 부스러져 소실되어 버린 것입니다. 쇠의 주성분인 철(Fe)이 공기 중의 산소(O_2)를 만나면 산화 반응이 일어나면서 산화 철(Fe_2O_3)이 됩니다. 우리는 이를 두고 녹이 슨다고 말하지요. 그런데 이는 지구에서 일어나는 아주 특이한 현상 중의 하나입니다. 왜냐하면 지구의 대기 중에만 그렇게 많은 산소가 존재하기 때문이지요. 이를 두고 "지구의 대기가 산화 성질을 가지고 있다"라고 말합니다. 그래서 지구상에 존재하는 대부분의 원소들은 공기 중의 산소를 만나서 아주 쉽게 산화됩니다.

》 물질은 낮은 에너지로 《 저절로 바뀌어

물질이 변해 가는 방향은 마치 물이 낮은 곳으로 흘러가는 것과 같습니다. 가만히 내버려 두면 모든 물질은 상대적으로 낮은 에너지 상태에 있는 물질로 저절로 바뀌어 가지요. 따라서 많은 원소들이 산화물의 상태로 발견된다는 것은 산화물의 에너지 상태가 원소에 비하여 상대적으로 낮다는 것을 보여 줍니다. 철이 쉽게 녹

스는 것은 산화 철의 에너지 상태가 철보다 낮기 때문인 것이지요.

그렇다면 녹스는 과정에서 산화 철과 철의 차이에 해당되는 에너지는 어디로 갈까요? 당연히 바깥으로 방출되겠지요. 실제로 녹이 스는 과정에서 쇠는 상당량의 열을 바깥으로 방출합니다. 그러나 너무나 천천히 녹이 슬다 보니 우리는 열이 방출된다는 사실을 미처 깨닫지 못합니다. 그런데 녹스는 속도를 빠르게 해 주면 방출되는 열을 느낄 수 있게 됩니다. 그렇게 해서 만들어진 것이 바로 한약방에서 구입하는 치료용 찜질 팩입니다. 다공성 부직포로 만들어진 찜질 팩을 뜯어보면 그 속에 곱게 가루를 낸 검은색의 철가루가 가득 들어 있답니다. 철을 가루로 만들어서 산소와 접촉하는 표면적을 극대화함으로써 산화 반응의 속도를 대폭 높인 것이 관건입니다. 열이 일시에 방출되도록 함으로써 그 뜨거움을 느낄 수 있게 만든 것이지요.

공기 중에서 자연적으로 일어나는 대부분의 변화에도 동일한 원리가 그대로 적용됩니다. 공기 중에 방치한 나무는 오랜 시간이 지나면 썩어서 없어집니다. 그 과정에서 나무의 주요 구성 성분인 탄소와 수소는 결국 이산화 탄소와 물이 됩니다. 모두 산소와 반응하여 산화물이 되는 것이지요.

그 과정에서 열이 방출되지만 우리는 그 열을 느끼지 못합니다. 반응의 속도가 너무도 느리기 때문입니다. 그런데 반응의 속도를 빠르게 해 주면 그 열을 느낄 수 있게 되지요. 그렇게 해 주는 것이 바로 불을 붙이는 것입니다. 나무에서 일어나는 산화 반응의 속도를 빠르게 해 주면 짧은 시간에 많은 열을 방출하면서 곧바로 타기 시작합니다. 그리고 그 과정에서 많은 양의 이산화 탄소와 수증기가 발생하여 공기 중으로 날아가 버리지요.

》산소는《
에너지를 뽑아내

따라서 녹이 슬거나, 썩거나, 불타는 것은 사실상 모두가 똑같은 종류의 화학 반응에 해당합니다. 모두 산소와 반응하는 '산화 반응(oxidation reaction)'입니다. 그리고 그 결과물로서 얻어지는 산물은 모두 산화물입니다. 그런데 이러한 산화 반응은 우리가 살아가는 데 없어서는 안 되는 아주 중요한 역할을 합니다. 바로 에너지를 공급해 주는 역할입니다.

우리는 살기 위해서 많은 양의 에너지를 필요로 합니다. 누군

가로부터는 그 에너지를 가져와야만 하는데 이때 가장 흔히 사용하는 방법이 바로 이 산화 반응을 활용하는 것입니다. 어떤 물질을 산소와 반응시켜서 산화물로 만들고 이때 발생하는 열을 가져와서 에너지로 활용하는 것이지요. 따라서 산화 반응을 가능하게 해 주는 산소는 어떤 물질에서 에너지를 빨아내는 일종의 빨대와도 같은 역할을 합니다. 그렇게 어떤 물질에 빨대를 꽂아서 에너지를 뽑아내어 쓰고 나면 뒤에는 찌꺼기가 남게 되는데 그것이 바로 산화물이지요.

따라서 산화 반응의 산물인 이산화 탄소와 물은 에너지를 뽑아 쓰고 남은 폐기물이나 다름이 없답니다. 사실상 에너지 상태의 가장 밑바닥까지 내려간 것이라서 더 이상 뽑아낼 에너지를 가지고 있지 않은 그야말로 막다른 길까지 간 쓸모없는 물질이나 마찬가지랍니다.

14

산소는 많을수록 좋을까?

몸에 좋다고 무조건 많이 먹으면 배탈이 나겠지요? 공기 중의 산소도 마찬가지예요. 우리가 살아가려면 반드시 산소가 필요하지만 너무 많이 마시면 탈이 나지요. 공기 중에 산소가 너무 많으면 어떤 일이 일어나는지 알아보아요.

미국의 케네디 대통령은 1961년 의회 연설에서 "달에 사람을 보내겠다"고 천명합니다. 이를 계기로 미국 항공 우주국 NASA는 달에 사람을 보내기 위한 아폴로 프로젝트를 출범시킵니다. 1967년 그 첫 번째 작품인 아폴로 1호 우주선이 발사를 앞두게 됩니다. 로켓 발사를 한 달 앞둔 1월, 마지막 테스트를 위해서 3명의 우주인이 우주선에 탑승했고 곧 순서에 따라 모의 비행이 시작되었습니다. 그러나 얼마 지나지 않아 계기판 스위치에서 작은 스파크가 발생했고 이는 곧바로 선실 내의 엄청난 화재로 이어집니다. 선실을 빠져나오지 못한 3명의 우주인은 현장에서 사망했고 아폴로 프로젝트는 시작부터 중대한 위기를 맞이하지요.

이 끔찍한 화재의 근본 원인은 선실에 공급했던 100%의 산소 기체였음이 이후에 밝혀집니다. 공기에 해당하는 21%의 산소가 아닌 순수한 100%의 산소를 선실 내에 공급하면서, 우주인들이 입고 있었던 나일론으로 만든 우주복과 각종 벨트들이 인화성 물질로 돌변했던 것입니다. 스위치에서 발생한 작은 스파크에 의해 선실 내의 모든 것들이 순식간에 화염에 휩싸였던 것이지요.

우리나라에서는 1980년대까지만 해도 겨울 난방을 위해서 대부분 연탄을 태웠습니다. 그러다 보니 아궁이에서 발생한 일산화 탄소가 방으로 스며들어 연탄가스 중독으로 사망하는 사고가 빈발했지요. 강하게 들러붙는 일산화 탄소로 인해서 핏속의 헤모글로빈이 산소 운반 능력을 잃어버려 숨을 쉬지 못한 채 질식사했던 것입니다.

일단 연탄가스에 중독이 되면 짧은 시간 안에 회복시키기가 쉽지 않습니다. 그래서 당시로서는 아주 혁신적인 치료 방법이 도입됩니다. 밀폐된 커다란 탱크 속에 환자를 넣고 순수한 100%의 산소 기체를 불어 넣은 후 압력을 높임으로써 헤모글로빈에 붙어 있던 일산화 탄소를 억지로 떼어 내는 방법이었습니다. 이 커다란 산소 탱크는 대형 종합 병원 몇 군데에 야심차게 설치되었습니다. 그런데 설치 초기에 여러 차례 대형 화재 사고가 발생합니다. 의식을 잃었던 환자가 탱크 속에서 깨어난 후 무의식중에 주머니를 뒤적거려서 담배를 꺼내 물고 불을 붙인 것이 사고의 발단이었습니다. 마치 아폴로 1호에서 발생했던 화재 사건에서처럼 압력을 높인 100%의 산소 기체 속에서 환자가 걸치고 있었던 옷들이 모두 인화성으로 돌변했던 것이지요.

》 대기 중 산소 양이 《 25%를 넘어섰다고?

약 8000만 년 전 백악기 지층 속에서는 검은 숯이 쌓여 있는 부분들이 광범위하게 관찰됩니다. 최근의 연구에 의하면 당시 지구는 대기 중 산소의 양이 25%를 넘어섰다고 합니다. 거대한 나무들이 빽빽하게 들어찬 울창한 숲이 지구 전체를 덮으면서 빚어진 결과였지요. 공기 중의 산소 양이 많아지면서 나무들로 우거져 있던 당시의 숲은 어느 순간 모두 인화성으로 변했다고 합니다. 벼락이 치면 삼시간에 큰 규모의 산불로 이어졌고 심지어 젖은 나무들도 쉽게 불이 붙었던 것으로 추정됩니다. 당시로서는 지구상에서 대적할 상대가 없었던 공룡들이 이곳저곳에서 덮쳐 오는 산불 때문에 얼마나 공포에 싸여 살았을지 쉽게 상상할 수 있지요.

산소는 우리가 반드시 필요로 하는 중요한 물질이지만 무조건 많다고 좋은 것만은 아니랍니다. 위에서 살펴본 여러 사건들에서 보듯이 대기 중 산소의 양이 25%를 넘어서면 대부분의 물질이 인화성을 띠기 시작합니다. 쉽게 말해 거의 모든 물질이 금세 불이 붙게 되고 한번 불이 붙으면 쉽게 꺼지지 않는 것이지요. 심지어 100%의 순수한 산소 속에서는 대부분의 물질이 거의 폭발적으로 타게 됩니다. 따라서 산소의 양을 적당한 수준으로 유지할 필요가 있는데 이때 사용되는 가장 기본적인 방법이 바로 반응성이 낮은 다른 기체를 이용해서 묽히는 것입니다.

공기는 질소에 산소를 묽혀 놓은 기체 용액입니다. 질소는 반응성이 매우 낮은 기체여서 여간해서 다른 물질과 반응을 하지 않

는 매우 안정한 물질이지요. 따라서 질소는 산소의 농도를 묽히는 데 사용될 수 있는 가장 좋은 용매라고 할 수 있습니다. 우리가 매일 마시며 사는 공기 중에 포함된 산소가 21%의 적당한 농도를 유지하고 있다는 사실은 참으로 고마운 일입니다. 그보다도 낮은 함량이었다면 숨이 차서 힘들었을 테고, 그보다도 높은 함량이었다면 온통 불구덩이 속에서 살아야만 했을 테니 말입니다.

15

땔감에 들어 있는 불순물이 문제라고?

캠프파이어를 해 본 적이 있나요? 땔감을 쌓아 놓고 불을 피우면 모락모락 연기가 피어오르지요. 연기 속에는 어떤 물질이 있기에 눈과 코를 맵게 만들까요? 매캐한 연기를 마셔도 건강에 괜찮을까요?

석탄이나 석유, 장작, 음식 등은 모두 에너지 저장 물질입니다. 소위 '땔감'이지요. 그 속에 저장되어 있는 에너지를 빼내서 사용하려면 이를 묶어 둔 자물쇠를 풀기 위해서 열쇠가 필요하지요. 그 열쇠가 바로 공기 중의 산소랍니다. 이들 땔감을 산소와 반응시키는 것을 흔히 '태운다'라고 말하죠. 이때 생성되는 것이 바로 산화물입니다. 땔감으로부터 에너지를 뽑아내는 과정을 화학에서는 '연소 반응(combustion reaction)'이라고 합니다. 연소 반응을 정성적으로 표현하면 다음과 같이 됩니다.

$$땔감 + 산소 \rightarrow 산화물 + 열$$

위 연소 반응은 공기 중에서 땔감을 태워서 에너지를 뽑아낼 때 사용되는 기본 원리를 보여 줍니다. 땔감은 위치 에너지가 높

은 상태의 물질입니다. 이와는 대조적으로 산화물은 매우 안정해서 상대적으로 위치 에너지가 낮은 물질입니다. 따라서 땔감이 산화물로 변하면 이 둘의 위치 에너지 차이에 해당하는 에너지가 열의 형태로 밖으로 나옵니다. 이때 땔감을 구성하고 있던 원소들은 모두 각자 자신의 산화물로 변하게 되지요.

가장 간단한 조성의 땔감은 바로 탄소만으로 이루어진 숯과 코크스입니다. 코크스는 화력 발전소나 제철소에서 사용하는 땔감으로 주로 탄소로만 이루어져 있습니다. 이들을 공기 중에서 태우면 탄소의 산화물인 이산화 탄소 기체만 발생하지요. 검은 연기나 하얀 수증기가 만들어지지 않으니 겉으로 보기에는 깨끗하게 탑니다. 연기가 나지 않다 보니 간혹 텐트와 같은 밀폐된 공간에서 거부감이 없이 장시간 숯불을 피워 놓는 경우가 있는데 이는 매우 위험한 행동입니다. 비록 연기가 피어나지는 않지만 눈에 보이지 않는 이산화 탄소 기체가 계속 만들어지고 있기 때문이지요. 밀폐된 공간에 이산화 탄소 기체가 차면 산소가 부족해지면서 이내 이산화 탄소 대신 많은 양의 일산화 탄소가 만들어집니다. 이를 그대로 방치하면 결국 일산화 탄소 중독으로 생명을 잃는 사고도 일어나지요.

우리가 흔히 사용하는 땔감은 탄소와 수소로 이루어진 '탄화수소(hydrocarbon)' 화합물이 대부분입니다. 도시가스라고 부르는 가정용 천연가스인 메탄(CH_4), 주로 식당의 주방에서 요리할 때 사용하는 프로판가스(C_3H_8), 야외용 가스레인지에 끼워서 사용하는 금속 캔에 담긴 부탄가스(C_4H_{10}) 등이 탄소와 수소만으로 이루어진 탄화수소의 대표적인 예입니다. 자동차의 연료로 사용하는 휘발유도 평균 조성이 옥탄(C_8H_{18})에 해당하는 탄화수소이며, 경유와 등유도 각각 평균 조성이 $C_{12}H_{23}$과 $C_{12}H_{26}$인 탄화수소입니다. 이들 석유 제품과 마찬가지로 석탄도 그 주된 조성이 탄화수소(C_nH_m)입니다. 모두 공기 중에서 태우면 산화물인 이산화 탄소와 물이 되면서 자신이 가지고 있던 에너지를 열로 방출합니다.

탄소와 수소 외에도 산소가 함께 섞여 있는 경우도 있는데, 그 대표적인 예로 메탄올(CH_3OH)이나 에탄올(CH_3CH_2OH)과 같은 알코올 종류를 들 수 있죠. 포도당($C_6H_{12}O_6$)과 여기에서 만들어지는 전분이나 섬유질도 모두 여기에 해당합니다. 이들도 탄화수소와 마찬가지로 산소와 반응하면 자신이 가지고 있던 에너지를 내어 주고 자신은 산화물인 이산화 탄소와 물이 되지요.

》 질소, 황 등의 산화물이 《 공기를 오염시켜

그렇다면 땔감에 탄소, 수소, 그리고 산소가 아닌 다른 원소가 포함되어 있으면 어떻게 될까요? 장작, 석탄, 석유와 같이 생명체로부터 만들어진 땔감의 경우에는 탄소, 수소, 산소뿐만 아니라 식물과 동물의 몸속에 들어 있던 다른 원소들도 섞이기 마련입니다. 그러한 이유로 땔감에 포함되는 원소로는 황(S), 질소(N), 포타슘(K), 소듐(Na), 칼슘(Ca), 마그네슘(Mg) 등이 있습니다. 산소와의 연소 반응으로 타는 과정에서 이들도 모두 이산화 황(SO_2), 이산화 질소(NO_2), 산화 포타슘(K_2O), 산화 소듐(Na_2O), 산화 칼슘(CaO), 산화 마그네슘(MgO)과 같은 산화물이 됩니다.

이때 금속 원소인 포타슘(K), 소듐(Na), 칼슘(Ca), 마그네슘(Mg) 등의 산화물은 모두 고체 물질이다 보니 공기 중으로 날아가지 않고 뒤에 남게 되는데 이를 두고 우리는 '재'라고 부릅니다. 반면에 비금속 원소인 질소(N), 황(S) 등의 산화물은 모두 기체 물질이어서 공기 중으로 날아갑니다. 공기에 섞이는 이들 기체 물질들은 공기의 질을 떨어뜨려서 우리에게 나쁜 영향을 주기 때문에 흔히 이들을 공기 오염 물질로 간주합니다.

장작이나 석탄과 같이 고체 상태의 땔감을 태울 경우에는 발생하는 이산화 탄소가 고체의 주변에 차단막을 형성하여 곧잘 산소의 공급을 가로막습니다. 그러다 보니 많은 경우 산소가 모자란 상태에서 타게 되는 불완전 연소 반응을 하게 됩니다. 이 경우에는 이산화 탄소 대신에 산소가 하나 모자란 일산화 탄소(CO)가 만들어집니다. 그뿐만이 아닙니다. 제대로 산화물이 되지 못한 원소들이 한데 뭉쳐서 아주 작은 덩어리가 되어 공기 중으로 날아갑니다. 흔히 '검댕'이라고 부르는 탄소 덩어리들이 가장 대표적인 예입니다. 탄소뿐만 아니라 타면서 생기는 온갖 물질들이 여기에 뒤섞이는데 이들을 통틀어서 요즈음은 '초미세 먼지'라고도 일컫습니다. 다들 공기 속에 있어서는 안 될 오염 물질이지요.

16

안개가 사람을 죽인다고?

하늘이 온통 뿌연 날이 종종 있지요? 안개가 낀 건지 아니면 심한 스모그 때문인지 헷갈려요. 이렇게 대기가 뿌연 날 밖에서 돌아다녀도 괜찮을까요? 스모그 속에는 어떤 물질이 들어 있을까요?

기본적으로 탄소와 수소만을 포함하는 땔감은 비교적 깨끗하게 태울 수 있습니다. 약간의 산소가 포함되어도 무방하지요. 그러나 땔감에 황이 포함될 경우에는 문제가 됩니다. 황이 산소와 반응하여 만드는 황산화물이 우리에게 해를 주기 때문이지요. 그래서 땔감에 포함되어 있는 황은 불순물로 간주됩니다. 저질 석탄이나 저질 석유일수록 황을 많이 함유하고 있지요. 특히 석탄의 경우에는 상당히 많은 양의 황이 불순물로 섞여 있어서 저질 석탄을 쓸 경우에는 심각한 대기 오염을 일으키게 됩니다.

》 석탄 연기와 안개가 뒤섞여 《 독가스가 돼

1700년대 후반 영국의 제임스 와트가 발명한 증기 기관은 인류 문명의 일대 변화를 촉발합니다. 1800년대에 들어오면서 증기 기관으로 작동하는 기계들이 사람과 가축을 대신하여 노동을 담당하기 시작한 것입니다. 기계들을 움직이는 증기 기관을 작동하려면 에너지가 필요합니다. 당시 영국은 풍부한 석탄 매장량을 가지고 있어서 주로 석탄을 땔감으로 사용하게 됩니다. 증기 기관을 돌리는 공장뿐만 아니라 일반 가정에서도 취사와 난방을 위해서 석탄이 광범위하게 사용되기 시작하지요.

영국의 모든 집에는 높은 굴뚝이 자리를 잡았고 굴뚝에서는 석탄이 타면서 만들어진 산화물들이 뿜어져 나왔지요. 바로 수증기와 이산화 탄소, 그리고 석탄에 불순물로 섞여 있었던 황으로부

산소의 힘

터 만들어진 이산화 황이었습니다. 특히 인구 증가로 많은 사람들이 밀집되어 살아가던 런던의 하늘은 항상 석탄을 태우는 연기에서 나온 이산화 황으로 매캐했답니다.

북위 50도와 60도 사이에 위치하고 있는 섬나라인 영국은 높은 위도에도 불구하고 겨울이 비교적 따뜻합니다. 영국 주변의 해역을 훑고 올라가는 애틀랜틱 컨베이어 벨트라고 불리는 따뜻한 해류가 적도로부터 싣고 온 열기를 계속 안겨 주기 때문이지요. 그래서 사면이 바다로 둘러싸인 영국에서는 겨울이 되면 눈 대신 비가 자주 내리고 안개도 많이 낍니다.

1952년 12월의 어느 날 영국을 지나던 기류가 정체되면서 바람이 잦아듭니다. 공교롭게도 그 기간 중에 런던 인근에는 아주 짙은 안개가 내려앉았고 도시는 약 닷새 동안 짙은 겨울 안개에 둘러싸이게 되었죠. 음산한 추위를 피해서 모든 집에서는 석탄으로 불을 피웠고 굴뚝을 빠져나간 연기는 안개와 뒤섞여 도시 전체를 감쌌습니다. 이렇게 석탄불에서 발생한 연기와 안개가 뒤섞였던 그 닷새 동안에 당시의 공식 통계로 런던 시민 4천여 명이 사망합니다. 대부분 기관지와 폐에 심각한 상해를 입어서 호흡 곤란으로 사망한 것이지요. 이후 조사된 비공식 통계로는 약 1만 5천여 명이 사망한 것으로 추정되고 있습니다. 도대체 무슨 일이 있었던 것일까요?

당시에 땔감으로 태우던 석탄은 상당히 많은 양의 황을 포함하고 있는 저질 석탄이었답니다. 공기 중에서 석탄을 태우면 불순물인 황은 산소와 반응하여 주로 이산화 황(SO_2)을 만들지요. 이산화 황 외에도 일산화 황(SO), 삼산화 황(SO_3) 등의 황산화물도 만드는데 이들을 모두 통틀어서 싹스(SO_x)라고 일컫습니다. 이들 황산화물들은 물을 매우 좋아해서 안개를 만나면 금세 강한 산인 황산(H_2SO_4)을 만듭니다. 이렇게 만들어진 황산은 곧바로 안개를 강한 산성으로 만들어 버리지요. 쉽게 말해서 안개가 말 그대로 묽은 황산의 에어로졸이 되어 버리는 것입니다. 1952년 겨울 런던 시민들은 자신이 태우는 석탄 때문이라는 사실도 모른 채 황산 안개를 들이마시며 쓰러져 갔던 것입니다. 자신의 집이 사실상 독가스 실이 되어 버렸던 것이지요.

런던에서 일어난 충격적인 사건으로 1956년 영국 의회는 최초의 '대기 오염 방지법'을 통과시켰고 오늘날까지도 이를 계속 확대 적용해 오고 있습니다. 최초 통과된 법안의 주된 내용 중 하나는 굴뚝을 대폭 높임으로써 황산화물을 멀리 하늘 위에 흩어 버리는 것이었습니다. 그러나 그곳에서는 안개 대신 구름이 황산화물을 맞이합니다. 그리고 그때부터는 구름이 강한 산성으로 변해 버렸지요. 이렇게 황산으로 오염된 산성 구름은 바람을 타고 다른 곳으로 날아가 그곳에 산성비를 흩뿌립니다. 말 그대로 하늘에서 묽은 황산을 쏟아 놓게 되는 것이지요.

》편서풍을 타고 중국에서《
스모그가 몰려와

오늘날에는 석탄을 태울 때 나오는 황산화물의 양을 줄이는 많은 기술이 개발되어 있습니다. 그중에서도 가장 핵심적인 기술은 잘게 가루로 빻은 석회($CaCO_3$)와 소석회[$Ca(OH)_2$] 사이로 석탄을 태운 배출 가스를 통과시키는 방법입니다. 이때 석회와 소석회는 배출 가스에 섞여 있던 황산화물과 반응하여 아황산 칼슘($CaSO_3$)이 됩니다. 쉽게 말해서 가스 속의 황산화물을 잡아먹는 것이지요. 이렇게 만들어진 아황산 칼슘 가루를 회수하여 다시 산소와 반응시키면 황산 칼슘($CaSO_4$)이 되는데, 이 물질을 우리는 흔히 '석고'라고 부릅니다. 석탄을 태우는 화력 발전소나 공장에서 황산화물을 제거하는 과정에서 얻어진 석고의 상당 부분은, 집이나 건물의 내부 벽체로 사용되는 주요 건축 재료인 석고 보드를 만드는 데 사용되고 있지요.

그러나 이런 기술을 일반 가정에서는 사용할 수 없다는 것이 문제랍니다. 겨울이 춥고 아직도 가정 난방을 위해서 주로 석탄을 사용하는 중국은 추운 겨울이 오면 일반 가정에서 태우는 저질 석탄에서 만들어지는 황산화물로 인해서 심한 대기 오염을 겪고 있습니다. 석탄을 태울 때 만들어진 온갖 검댕과 황산화물이 범벅을 이루어 대기를 온통 뿌옇게 만들어 놓는데 이를 두고 흔히 '스모그(smog)'라고 일컫습니다. 이처럼 황산화물을 많이 포함하고 있는 스모그를 과거 런던에서 빚어졌던 참사와 연관을 지어 특별히

'런던형 스모그'라고 부르지요.

　　일 년 내내 중국으로부터 편서풍이 불어오는 우리 대한민국은 중국에서 만들어지는 스모그로부터 결코 자유롭지 못합니다. 추위가 몰려오는 초겨울부터 추위가 물러나는 늦봄에 이르기까지 수개월 동안 중국으로부터 몰려오는 스모그로 인해 큰 괴로움을 겪게 되지요. 그뿐만이 아닙니다. 서해안을 넘어온 산성 구름이 한반도에 비를 뿌릴 때마다 강한 산성비가 내리지요. 이제는 국경을 넘어오는 오염 물질에게도 입국을 위한 여권과 비자의 제시를 요구해야만 하는 것은 아닐까요?

질소의
두 얼굴

4장

17

번개가 생명체를 만들었다고?

공기는 78% 정도가 질소로 채워져 있어요. 질소는 어떤 성질의 물질이며, 공기 중에서 어떤 역할을 하는지 궁금하지요? 공기 중의 질소가 산소와 만나서 화학 반응을 하면 어떤 일이 일어나는지 알아보아요.

이산화 탄소의 존재를 처음 확인한 스코틀랜드의 화학자 블랙의 학생이었던 러더퍼드는 1772년 공기로부터 질소를 분리해 내는 데 성공합니다. 그는 질소로 채워진 용기 안에서는 불도 타지 않으며 생명체도 살지 못한다는 것을 증명해 보이지요. 주변의 것들을 부식시키고 땔감을 불붙게 만들며 생명을 유지하는 데 없어서는 안 되는 산소와는 정반대의 성질을 가진 기체가 공기 안에 있다는 사실에 당시의 화학자들은 놀라움을 금치 못합니다. 그러나 당시로서는 그것이 질소에 대하여 알아낼 수 있는 지식의 거의 전부였답니다. 공기 중의 질소는 너무나도 반응성이 낮아서 사실상 거의 반응을 하지 않았기 때문이지요.

》질소 분자는《
삼중 결합

공기 중의 산소와 질소는 두 개의 원자가 결합한 분자의 상태로 존재합니다. 그래서 산소와 질소를 O_2와 N_2라는 분자식으로 나타냅니다. 산소와 질소가 다른 물질을 만나서 반응을 하려면 일단 분자가 반으로 쪼개져서 원자로 분해되어야 합니다. 이를 위해서 두 개의 원자를 한데 붙잡고 있는 결합이 우선 끊어져야 하지요. 분자의 구조를 나타낼 때 결합 상태를 고려하여 흔히 산소는 'O=O'로, 질소는 'N≡N'으로 나타냅니다. 산소는 이중 결합을 하고 있는데 질소는 그보다 훨씬 강한 삼중 결합을 하고 있지요. 그러다 보니 질소의 삼중 결합을 끊는 데 필요한 에너지가 산소의 이중 결합을 끊는 데 필요한 에너지의 거의 두 배가 된답니다. 쉽게 말해서 질소 분자는 여간해서 원자로 쪼개지지 않는 것이지요. 그러다 보니 질소는 다른 물질과 좀처럼 반응을 하지 않는 굉장히 안정한 비활성 물질입니다.

질소가 비활성 물질이라는 사실이 우리에게는 얼마나 다행인지 모릅니다. 만약 그렇지 않았더라면 공기 중의 산소가 질소와 반응하여 다 사라져 버렸을 테니 말입니다. 실제로 그렇게 공기 중에서 사라져 버린 대표적인 예가 바로 수소(H_2)입니다. 수소는 상대적으로 약한 단일 결합을 하고 있는 분자라서 그 구조를 'H-H'로 나타냅니다. 따라서 질소보다 훨씬 반응성이 큽니다. 그러다 보니 공기 중의 산소가 수소를 가만히 내버려 둘 리가 없지요. 수소는 공기 중의 산소를 만나는 족족 물이 됩니다. 그래서 지구의 대기 중에는 수소가 전혀 존재하지 않는답니다. 이와는 대조적으로 대기 중에 산소가 없는 다른 행성에서는 의외로 수소가 많이 존재합니다. 심지어 목성과 같이 거의 수소로만 이루어져 있는 행성도 있답니다.

》 번개가 치면 《
질소 분자가 원자로 깨져

아무리 반응성이 없더라도 질소도 일단 원자로 깨지기만 하면 쉽게 산소와 반응할 수 있습니다. 문제는 질소 분자를 원자로 깨뜨리려면 엄청난 에너지가 필요하다는 점입니다. 그런데 그와 같은

큰 에너지를 제공해 주는 곳이 있답니다. 바로 수시로 번개가 치는 구름이 낀 하늘이지요. 번쩍이는 섬광과 함께 번개가 치면 그 주변에 있던 공기 중의 산소와 질소 분자들이 이때 발산된 엄청난 에너지에 의해서 개별 원자로 산산이 깨져 버립니다. 그러고는 산소 원자(O)와 질소 원자(N)가 만나 일산화 질소(NO)를 만들게 되지요. 이렇게 만들어진 일산화 질소는 곧바로 주변의 산소와 다시 한 번 반응하여 이산화 질소(NO_2)가 됩니다. 이 둘은 모두 질소 산화물로서 흔히 이들을 통틀어서 '녹스(NOx)'라고도 부릅니다.

황산화물과 마찬가지로 질소 산화물도 물을 매우 좋아합니다. 그래서 질소 산화물이 안개나 구름을 만나면 그 안에서 물과 반응하여 질산(HNO_3)이 되지요. 강한 산인 질산은 만들어지자마자 곧바로 해리되어 전기를 가진 수소(H^+) 이온과 질산(NO_3^{-1}) 이온이 됩니다. 이들 이온은 비에 섞인 채 결국에는 땅속으로 스며들어 식물의 뿌리를 통해서 흡수됩니다. 질소는 생명체에게 없어서는 안 되는 아주 중요한 영양소입니다. 만약 공기 중의 질소가 번개로 인해서 깨지지 않았더라면 식물과 동물은 질소 영양분을 전혀 공급받을 수 없었을 것입니다. 공기 중의 질소는 반응성이 없어서 있는 그대로는 식물과 동물이 결코 영양분으로 사용할 수가 없기 때문입니다.

따라서 번쩍이는 번개의 섬광으로 인해서 공기 중의 질소가 질소 산화물이 되고 이렇게 만들어진 질소 산화물이 구름 속에서 질산이 되는 일련의 과정은 지구상에 생명체가 등장하고 진화하는 데 없어서는 안 되는 매우 중요한 역할을 했습니다. 생명체의 필수적인 구성 요소인 아미노산과 이로부터 만들어진 각종 단백질, DNA, RNA, ADP, ATP 등이 전부 다 공기 중의 질소를 원재료로 해서 만들어진 것들이기 때문입니다.

18

서울형 스모그가 매우 특별한 이유는?

'런던형 스모그', 'LA형 스모그'를 들어 본 적이 있나요? 우리 몸에 해를 끼치는 스모그는 구성 성분에 따라서 여러 종류로 구별되어요. 그렇다면 자주 서울 하늘을 뿌옇게 덮는 스모그는 도대체 어떤 종류에 해당할까요?

번개가 치면 공기 중의 산소와 질소가 산산조각으로 깨져서 질소 산화물이 만들어지고 이때 만들어진 질소 산화물은 안개나 구름 속에서 물과 반응하여 질산이 됩니다. 이때 형성된 질산 이온은 식물과 동물이 살아가는 데 없어서는 안 되는 매우 중요한 질소 영양분이 됩니다.

그런데 '과유불급'이라는 말이 있지요. 아무리 좋은 것이라도 너무나 많아지면 오히려 해가 된다는 뜻입니다. 최근 들어 그 양이 급속도로 늘어나게 된 질소 산화물이 바로 그 대표적인 사례입니다.

번개가 칠 때 공기 중의 산소와 질소가 반응하는 이유는 번개의 섬광이 산소와 질소 분자들을 깨뜨리는 데 필요한 충분한 에너지를 제공하기 때문입니다. 그런데 그처럼 엄청난 에너지를 제공하는 장소가 우리 주변에 하늘 말고도 아주 많이 널려 있지요. 바로 거리를 달리는 자동차의 엔진 속입니다. 밖으로부터 계속 공기가 주입되는 자동차 엔진의 실린더 속 작은 공간에서는 전기 스파크가 튀고, 압축된 연료가 순간적으로 폭발하면서 엄청난 열을 발산합니다. 그 과정에서 공급되는 엄청난 에너지로 인해서 주입된 공기 속의 산소(O_2)와 질소(N_2)가 깨지면서 서로 반응을 하여 일산화 질소(NO)가 만들어집니다. 배기가스에 섞여 밖으로 배출된 일산화 질소(NO)는 공기 중의 산소(O_2)를 만나 이산화 질소(NO_2)가 됩니다. 하늘에서 번개가 칠 때 일어나는 것과 똑같은 상황이 자동차의 엔진 속에서 벌어지는 것이지요.

질소의 두 얼굴

» 배기가스에서 나온 질소가 «
오존 농도를 높여

자동차의 배기가스에 섞여 대기로 배출된 이산화 질소(NO_2)는 안개나 구름 속의 물(H_2O)과 반응하여 질산(HNO_3)을 만듭니다. 문제는 이렇게 만들어지는 질산의 양이 너무 많아지면 결국 안개나 구름을 말 그대로 묽은 질산으로 만들어 버리게 된다는 것입니다. 심지어는 물과 반응하지 못한 채 공기 중에 그대로 남아 있던 이산화 질소(NO_2)가 대낮의 강한 햇빛을 받으면 반응성이 굉장히 높은 일산화 질소(NO)와 원자 상태의 산소(O)로 깨집니다. 이때 만들어진 매우 불안정한 원자 상태의 산소(O)는 공기 중의 산소 분자(O_2)와 반응하여 오존(O_3)을 만들게 되지요. 자동차의 배기가스에서 배출된 이산화 질소가 공기 중의 오존 농도를 높이는 결과로 이어지는 것입니다.

태평양에 접한 평평한 분지였던 미국의 로스앤젤레스는 인구가 계속 유입되면서 무려 1,000여 제곱킬로미터 넓이의 대도시로 성장합니다. 로스앤젤레스는 1980년대 말에 들어오면서 온통 자동차들로 넘쳐 나게 되지요. 상습적인 교통 정체도 문제였지만 자동차들이 내뿜은 배기가스로 인한 공기 오염이 극심했습니다. 특히 비가 적고 건조한 기후 때문에 배기가스에 섞여 배출된 이산화 질소의 대부분은 대낮의 강렬한 햇빛을 받아 많은 양의 오존을 만들어 냅니다. 오존으로 인해 로스앤젤레스의 대기는 대낮이면 온통 뿌옇게 변했는데 이를 스모그라고 불렀습니다. 황산화물로 인하여 만들어진 스모그를 런던형 스모그라고 부르는 것과는 달리 로스앤젤레스와 같이 자동차가 많이 운행하는 곳에서 질소 산화물로 인하여 만들어진 스모그는 특별히 'LA형 스모그'라고 일컫게 됩니다.

》심각한 독성을 가진 오존, 《 호흡기에 치명타

우리의 신체는 오존에 노출되면 심각한 상해를 입게 됩니다. 특히 대기 중의 오존에 거의 무방비 상태로 노출되어 있는 우리의 호흡기가 가장 취약하지요. 오존은 단순한 수치로만 비교했을 때 일산화 탄소의 거의 300배에 해당하는 독성을 가지고 있습니다. 더구나 일산화 탄소와는 달리 오존에 의한 상해는 거의 되돌릴 수 없기 때문에 더욱 심각한 독소로 작용합니다. 뿐만 아니라 질소 산화물에서 오존이 만들어지는 과정에, 배기가스에 섞여 배출된 타다 남은 유기물들이 한데 엉키면 오존뿐만 아니라 초미세 먼지와 같은 다양한 오염 물질들이 만들어집니다.

한때 더러운 공기로 악명을 떨쳤던 로스앤젤레스는 강력한 대기 오염 방지 법안의 시행과 엄격한 자동차 배출가스 기준의 적용을 통해서 이제는 오히려 그 어느 곳보다도 깨끗한 공기를 자랑하고 있습니다. 심지어 태평양을 건너서 날아오는 극미량의 황사 먼지를 채취해서 그 구성 성분을 분석하여 발원지를 알아낸 후, 이를 근거로 중국 정부에 공식 외교 문서를 보내어 항의하고 이를

질소의 두 얼굴

언론을 통해서 이슈화하기까지 한답니다.

》서울형 스모그는《
오염 물질의 백화점

과거 미국 로스앤젤레스를 중심으로 맹위를 떨쳤던 LA형 스모그
는 이제 북경과 같은 중국의 대도시로 자리를 옮겨 갔습니다. 급
격한 경제 발전으로 중국 대도시의 거리에 자동차가 넘쳐 나면서
빚어진 현상이지요. 1980년대 말의 로스앤젤레스가 그랬던 것처
럼 이제는 중국 북경의 하늘이 대낮이면 온통 뿌옇게 변합니다.
그렇게 뿌연 스모그로 변한 공기는 편서풍을 타고 서해안을 건너

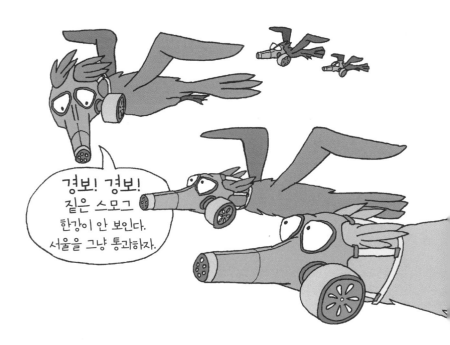

서 대한민국으로 넘어오지요. 겨울이면 난방용 석탄을 태우면서 만들어진 런던형 스모그까지 가세를 하면서 대한민국의 하늘은 온통 뿌옇게 변해 버립니다.

그래서 서울의 하늘을 덮은 스모그는 전 세계 어디에서도 보기 드문 매우 특별한 스모그가 됩니다. 자동차에서 배출된 질소산화물과 여기에서 만들어진 오존, 석탄을 태울 때 배출된 황산화물, 그리고 이들과 함께 만들어진 초미세 먼지가 그 속에 모두 한꺼번에 섞여 있기 때문이지요. 더구나 봄이 되면 여기에 중국 북부에서 발원한 황사 미세 먼지까지도 합세하지요. 그야말로 공기 오염 물질의 백화점인 셈입니다. 그래서 대한민국의 뿌연 하늘에는 '서울형 스모그'라는 아주 특별한 이름을 붙여도 전혀 손색이 없답니다.

새똥 때문에 전쟁이 일어났다고?

남미 대륙의 서쪽 해안선에는 오랜 세월 동안 물새들의 똥이 쌓여서 거대한 산이 형성되었어요. 이 새똥을 '구아노'라고 불러요. 그런데 페루와 볼리비아, 칠레는 이 새똥을 서로 차지하려고 전쟁을 일으켰대요. 새똥 때문에 전쟁까지 일으켰다니 믿어지나요?

번개의 섬광으로 인해서 공기 중의 질소로부터 만들어진 질산 이온은 지구상에 생명체가 등장하고 진화하는 과정에 아주 중요한 역할을 합니다. 그러나 번개에 의해서 만들어지는 질산 이온만으로 모든 생명체가 필요로 하는 그 많은 질소 영양분을 공급하는 것은 사실상 불가능합니다. 생명체는 당연히 이러한 상황에 적응하는 방향으로 진화합니다. 오랜 지구의 진화 과정에서 공기 중의 질소를 다른 화합물로 변환하는 능력을 가진 박테리아가 대거 등장한 것입니다. 오늘날 우리는 이들을 통틀어서 '질소 고정 박테리아'라고 일컫습니다. 콩과 식물의 뿌리에 붙어서 증식하는 뿌리혹박테리아가 가장 대표적인 예입니다.

》 생명체는 《
질소가 필요해

흙 속 깊은 곳에 사는 질소 고정 박테리아는 위층에 사는 소비성 박테리아들이 산소를 먹어 치우고 남긴 공기 중의 질소를 끌어들여서 암모니아(NH_3)를 만들어 냅니다. 이렇게 만들어진 암모니아는 여러 과정을 거쳐서 결국 질산 이온의 형태로 식물의 뿌리로 흡수되어 모든 생명체들에게 질소 영양분을 공급합니다. 생명체들은 이 질소 영양분을 이용하여 몸을 구성하는 가장 핵심 물질인 단백질을 만들지요. 그뿐만이 아닙니다. RNA나 DNA와 같은 유전 정보 물질, ADP나 ATP와 같은 에너지 대사 물질, 몸속 화학 반응에 없어서는 안 되는 각종 효소들, 각종 기능을 통제하는 신호 전달 물질과 호르몬 등 생명 현상을 유지하는 데 필수적인 대부분의 생체 물질에는 반드시 질소가 들어갑니다.

질소는 생명체를 구성하는 매우 중요한 성분입니다. 우리 인간의 몸만 하더라도 산소, 탄소, 수소 다음으로 가장 많은 성분이 바로 질소이지요. 그러다 보니 인간을 포함한 모든 생명체는 상당히 많은 양의 질소 영양분을 섭취해야만 한답니다.

우리가 먹거리를 통해서 섭취하는 모든 원소들은 사실상 다 식물에서부터 온 것들입니다. 우리에게 직접 오기도 하지만 경우에 따라서는 닭, 소, 돼지와 같은 가축들을 거쳐서 오기도 하지요. 그래서 식물이 건강하게 잘 자라야만 동물은 물론이고 우리 인간도 충분한 영양분을 공급받게 됩니다. 식물은 주변의 공기와 흙으로부터 자신이 필요로 하는 영양분을 끌어와 성장합니다. 따라서 흙 속에는 식물이 필요로 하는 다양한 종류의 원소들이 넉넉히 들어 있어야만 하지요. 그중에 어느 하나라도 모자라면 그 부족한 원소로 인해서 식물의 성장은 지장을 받기 시작합니다. 다른 원소들이 아무리 많아도 소용이 없지요. 결국 식물의 성장은 모자란 성분에 의해서 좌우되는데 이를 흔히 '한계 영양소'라고 일컫습니다.

식물이 성장하는 데 가장 쉽게 한계 영양소로 전락해 버리는 원소에는 세 가지가 있습니다. 질소(N), 인(P), 그리고 포타슘(K)입니다. 흔히 이들을 '비료의 3요소'라고 일컫지요. 이 세 원소 중의 어느 하나라도 모자라면 식물은 병들게 되는데 그중에서도 가장 부족해지기 쉬운 원소가 바로 질소입니다. 식물이 성장하는 데 가장 많이 필요로 하는 원소이기 때문이지요.

》구아노와 초석은《
최고의 천연 비료

식량 증산을 위해서 더 많은 곡물을 키우려면 무엇보다도 충분한
양의 질소를 흙에 공급해 주어야 합니다. 이때 사용하는 물질을
거름이라고 일컫지요. 인류는 아주 오래전부터 곡물의 증산을 위
해서 가축의 분뇨를 거름으로 사용해 왔습니다. 그러나 점차 인구
가 늘어나면서 가축의 분뇨만으로는 충분한 질소를 확보할 수 없
게 되었지요. 특히 산업 혁명으로 인해서 인구가 급격하게 늘어난
1800년대의 유럽은 식량 증산을 위해서 모자라는 가축 분뇨를 대
신할 거름을 찾는 데 혈안이 됩니다.

  당시에 범선을 타고 전 세계를 돌아다니던 유럽인들의 눈을
사로잡은 것은, 남미 대륙의 서쪽 해안선을 따라서 태평양 바다에
접한 벼랑들 사이로 광범위하게 분포하고 있는 물새들의 서식지
였습니다. 이곳에는 지난 긴 세월 동안 새똥이 쌓여서 만들어진
거대한 산들이 즐비했는데 지역 주민들은 여기에서 나오는 묵은
새똥을 '구아노(Guano)'라고 불렀습니다.

  구아노는 그야말로 최고의 거름이었습니다. 더구나 당시 볼
리비아의 영토이던 아타카마 사막에는 구아노뿐만 아니라 초석
이라는 질산 소듐($NaNO_3$)의 광석이 다량 매장되어 있었습니다.
둘 다 천연 비료로 적격이었지요. 유럽은 1800년대 중반부터 해

질소의 두 얼굴

상 무역을 통해서 페루, 볼리비아, 칠레로부터 많은 양의 구아노와 초석을 수입해서 식량 증산을 위한 거름으로 사용하기 시작했습니다. 구아노와 초석을 팔아서 벌어들이는 수입이 얼마나 짭짤했던지 아타카마 사막의 영유권을 사이에 두고 1879년부터 페루와 볼리비아의 연합군과 칠레 사이에 '태평양 전쟁'이 일어나 1883년 칠레의 승리로 끝납니다. 새똥을 사이에 두고 총 2만여 명의 군인이 사망하는 당시로서는 세계 최대 규모의 전쟁이 일어났던 것이지요.

이 전쟁의 승리로 아타카마 사막은 칠레의 영토가 되었고 해안선을 잃어버린 볼리비아는 내륙국으로 전락하고 말았습니다. 그리고 이때부터 초석은 칠레 초석으로 불리게 되지요. 이후 약 10년에 걸쳐서 구아노와 칠레 초석을 팔아서 벌어들인 이익으로 칠레의 국가 재산은 거의 10배로 껑충 뛰어올랐답니다.

20

공기 중의 질소를 어떻게 사용할까?

농사를 지을 때 더 많은 곡물을 키우려면 충분한 양의 질소를 흙에 넣어 줘야 하지요. 그런데 많은 양의 질소를 어떻게 구할 수 있을까요? 하버는 공기 중에 있는 엄청난 양의 질소에 관심을 기울였어요. 15년의 노력 끝에 마침내 공기 중의 질소를 사용하는 방법을 찾아냈지요.

자연에서 얻어지는 대부분의 천연자원은 결코 무한정 공급되지 않습니다. 언젠가는 반드시 고갈되기 마련이지요. 식량 증산을 위해 유럽이 1800년대 중반부터 남미 국가들로부터 수입했던 구아노와 칠레 초석도 예외가 아니었습니다. 1800년대 후반으로 들어서면서 마침내 구아노도 그 바닥을 드러내기 시작합니다. 유럽의 인구는 갈수록 늘어나는데 식량 증산을 위한 천연 비료는 점차 고갈되고 있었던 것이지요. 유럽은 극심한 식량 부족과 사회 불안이라는 인류 역사상 최대의 위기를 눈앞에 두게 됩니다.

》활성화 에너지《 장벽을 허물다

당시 독일 카를스루에 대학 화학과의 젊은 교수 프리츠 하버는 공기 중에 존재하는 질소의 양이 엄청나게 많다는 점에 주목을 합니다. 공기 중의 질소는 무게로 따졌을 때 무려 4×10^{15}톤에 이릅니다. 그야말로 무한정 공급되는 천연자원이지요. 문제는 아무리 그 양이 많아도 분자 상태 그대로는 식물과 동물이 전혀 흡수할 수 없다는 점입니다. 하버는 공기 중의 질소(N_2)를 수소(H_2)와 반응시켜서 흡수가 가능한 암모니아(NH_3)를 만들어 낼 방법을 모색합니다. 암모니아를 합성하는 정량적인 화학 반응식은 아래와 같습니다.

$$N_2(g) + 3H_2(g) \longrightarrow 2NH_3(g)$$

화학 반응식 그 자체만 보면 상당히 단순한 반응입니다. 그러나 질소를 깨뜨리기가 여간해서 쉽지 않다는 것이 문제였지요. 바로 질소 분자의 강한 삼중 결합 때문이었습니다. 비활성 기체인 질소가 반응에 참여하려면 일단 분자가 깨져야 하는데 이를 위해서 엄청난 에너지를 투입해야만 했던 것이지요. 이처럼 반응 경로 상에서 맞닥뜨리게 되는 에너지 장벽을 '활성화 에너지(activation energy)'라고 합니다. 당시에 인류가 실현할 수 있는 화학 반응이 그리 많지 않았던 이유는 대부분의 화학 반응들에서 바로 이 에너지 장벽이 가로막고 있었기 때문이었지요.

하버는 장벽을 넘기 위한 에너지를 공급하는 대신에 아예 장벽 그 자체를 무너뜨릴 방법을 찾기로 결심합니다. 1894년부터 본격적으로 실험을 시작한 하버는 활성화 에너지의 장벽을 허물어뜨릴 방법을 찾기 위해 무려 15년이라는 긴 세월을 연구에 몰두합니다. 인내와 끈기로 물고 늘어진 끝에 마침내 1909년 하버는 순수한 철을 사용하여 활성화 에너지의 장벽을 허물고 상당량의 암모니아를 만들어 내는 데 성공합니다.

이후 하버는 독일의 화학 회사인 바스프사의 화학자인 카를 보슈와 손을 잡고 암모니아를 공장에서 대량 생산할 수 있는 '하버-보슈 공정(Haber-Bosch Process)'을 개발합니다. 1913년 이 공정을 통해서 20톤에 달하는 암모니아가 처음으로 공장에서 생산됩니다. 인류 역사상 최초로 합성 비료가 공장에서 대량 생산된 것입니다.

》촉매를 사용하여 《
질산을 만들다

하버가 연구에 몰두하던 비슷한 시기에 활성화 에너지의 장벽을 무너뜨릴 방법을 찾고 있었던 또 한 명의 독일 화학자가 있었는데 그는 프리드리히 오스트발트였습니다. 오스트발트는 암모니아를 산소와 반응시켜서 질산을 만드는 공정에 깊은 관심을 가지고 있었습니다. 실제로는 여러 단계에 걸쳐서 반응이 일어나지만 전체 반응을 간단히 요약해서 나타내면 아래와 같이 됩니다.

$$암모니아(NH_3) + 산소(O_2) \rightarrow 질산(HNO_3)$$

당시만 해도 암모니아를 손에 넣기가 쉽지 않았던 때인지라 대부분의 화학자들이 이 반응에 그다지 흥미를 느끼지 못했습니다. 하지만 오스트발트는 곧 상황이 바뀔 것임을 잘 알고 있었습니다. 그는 하버가 암모니아의 대량 합성을 위한 연구에 몰두하고 있다는 사실을 주목했기 때문입니다.

1902년 오스트발트는 백금과 로듐의 합금을 이용하면 활성화 에너지의 장벽을 무너뜨리고 암모니아로부터 질산을 합성할 수 있다는 사실을 발견하고 자신의 '오스트발트 공정(Ostwald Process)'을 특허로 등록합니다. 이후 이렇게 활성화 에너지의 장벽을 무너뜨림으로써 불가능한 화학 반응을 가능케 해 주는 물질을 통틀어서 '촉매(catalyst)'라고 부르게 됩니다.

이 두 공정의 개발로 인류는 마침내 공기 중의 질소를 거의

무한정이다시피 가져다가 사용할 수 있게 됩니다. 그런데 아주 흥미로운 것은 이렇게 질소로부터 암모니아와 질산을 대량으로 생산하는 과정이, 흙 속에 사는 질소 고정 박테리아들이 공기 중의 질소로부터 암모니아와 질산을 만들어 영양분으로 변환하는 과정과 똑같다는 사실입니다. 이해를 돕기 위해서 공기 중의 질소를 유용한 물질로 변환하는 과정을 간단한 반응식으로 아래에 비교해 보았습니다.

[인간에 의한 방법]

질소(N_2) -(하버-보슈 공정)→

암모니아(NH_3) -(오스트발트 공정)→ 질산(HNO_3)

[질소 고정 박테리아에 의한 방법]

질소(N_2) -(박테리아)→

암모니아(NH_3) -(박테리아)→ 질산(HNO_3)

1900년대 초에 암모니아 합성을 위한 하버-보슈 공정과 질산 합성을 위한 오스트발트 공정이 개발된 것은 인류 문명의 발달사에 있어서 일대 전환점을 마련한 매우 중요한 사건입니다. 식량 증산을 위한 합성 비료를 거의 무한정 생산 공급할 수 있게 되면서, 늘어나는 세계 인구에도 불구하고 충분한 식량을 확보하는 것이 가능해졌기 때문입니다.

그뿐만이 아닙니다. 촉매를 사용하면서 수많은 새로운 화학 반응이 가능해졌고 이를 통해서 천연 비료뿐만 아니라, 나무, 유

리, 종이, 고무, 섬유 등 거의 모든 종류의 천연 물질을 대신할 온
갖 다양한 종류의 합성 물질들이 봇물처럼 세상에 쏟아져 나오는
계기가 되었기 때문입니다.

21

암모니아가 식량 부족을 해결했다고?

공기 중의 질소를 원재료로 하여 대량 생산된 합성 비료가 전 인류를 먹여 살리고 있어요. 하버는 합성 비료의 생산을 가능케 한 공로를 인정받아 노벨상을 받았지요. 하지만 하버는 독가스도 개발하였다는데, 도대체 어떻게 된 일일까요?

인구가 급증했던 유럽은 1900년대 초에 들어오면서 천연 비료가 고갈되어 심각한 식량 부족을 겪게 됩니다. 그러나 1913년 독일의 화학자 프리츠 하버가 하버-보슈 공정을 개발하면서 이 상황을 헤쳐 나갈 결정적인 해결책이 제공됩니다. 고갈되어 가는 천연 비료를 대신할 인류 최초의 합성 비료인 암모니아를 대량 생산할 수 있게 된 것입니다. 그러나 역사의 아이러니는 하버-보슈 공정을 정반대의 방향으로 몰아갑니다. 하버-보슈 공정이 개발된 이듬해인 1914년 독일의 선제공격으로 제1차 세계 대전이 일어나면서 대량 생산된 암모니아는 비료로 소비되는 대신 화약과 폭약을 만드는 데 사용됩니다.

》독가스 무기를《 개발하다

전쟁이 일어나자 연합국은 남미 대륙으로부터 칠레 초석을 수입해 가던 독일의 해상 무역로를 전면적으로 봉쇄합니다. 천연 비료일 뿐만 아니라 화약과 폭약을 제조하기 위한 원재료로도 사용되었던 칠레 초석의 공급을 차단함으로써 독일의 전력을 무력화하려는 시도였습니다. 그러나 독일은 마침 대량 생산이 시작된 암모니아와 질산을 손에 넣게 되면서 해상 봉쇄로부터 아무런 영향도 받지 않습니다. 암모니아와 질산이 화약과 폭약을 만드는 원재료를 대신했기 때문입니다. 그로 인해서 전선에는 넘쳐 날 정도로 많은 화약과 폭약이 공급되었고, 제1차 세계 대전은 고착된 전선을 사이에 두고 수년간 대치하는 끔찍한 참호전으로 변질되어 버립니다.

지리멸렬한 참호전으로 수많은 사람들이 죽어 가는 모습을 본 하버는 그와 같은 상황이 암모니아 합성 공정의 개발로 악화되었다고 여깁니다. 그래서 그에 대한 해결책도 자신이 내겠다고 결심합니다. 하버는 전쟁을 하루 빨리 끝내기 위한 방법으로 대규모의 독가스를 사용할 것을 독일 군부에 제안합니다. 독일 최초로 박사 학위를 받은 여성 화학자였던 하버의 아내 클라라는 비인도적인 독가스 개발을 막기 위해서 남편과 가족이 보는 앞에서 권총 자살을 합니다. 그러나 하버는 가족의 반대에도 아랑곳하지 않고 군부의 지원을 받아 독가스 무기의 개발에 박차를 가합니다. 사실상 하버가 주창하고 개발한 독가스는 최대한 많은 사람을 죽이기 위해서 사용된 인류 역사상 최초의 대량 살상 무기였답니다.

1915년 4월 독일군이 160톤이 넘는 염소(Cl₂) 가스를 전장에 살포한 것을 시작으로 마침내 치열한 독가스 전쟁이 시작됩니다.

이후 포스겐이나 겨자 가스처럼 염소보다도 훨씬 치명적인 독가스들이 속속 개발되어 대량으로 전장에서 살포됩니다. 어떤 역사학자들은 무한정 공급된 화약과 폭약, 그리고 독가스로 얼룩진 제1차 세계 대전을 '화학자의 전쟁'이라고 일컫기도 합니다.

》암모니아 덕분에 《 산다고?

모두 1000만 명의 군인과 800만 명의 민간인이 사망한 제1차 세계 대전은 1918년에 끝이 납니다. 그리고 같은 해에 하버는 하버-보슈 공정을 개발하여 식량 증산을 위한 합성 비료의 생산을 가능케 한 공로를 인정받아 노벨상을 받게 됩니다. 아직까지도 논란이 끊이지 않는 역사의 아이러니입니다.

이후 그는 독일 화학 학회의 수장으로 독일 화학계의 발전을 이끌었고 바스프, 회흐스트, 바이엘과 같은 화학 회사들이 거대 기업으로 성장할 수 있는 탄탄한 기반을 다지는 데 큰 기여를 합니다. 그러나 생을 마감한 1934년에 이르기까지, 원래 태생이 유대인이었던 그의 말년은 새로운 권력으로 자리를 잡은 나치즘의 박해로 그리 순탄하지는 않았습니다. 심지어 제2차 세계 대전 중에는 자신이 개발한 독가스가 자신의 가까운 친척은 물론 수많은 유대인들을 대량으로 살상하는 데 활용되기도 합니다.

하버는 아주 치열한 삶을 살면서 많은 논란거리를 남겼습니다. 그가 개발한 독가스로 인해서 수많은 사람들이 전장에서 죽어

갔지만, 그가 개발한 또 다른 합성 공정은 천연 비료를 대신할 합성 비료의 대량 생산을 가능케 함으로써 수많은 사람들을 굶주림과 아사의 위기에서 구해 내기도 했지요. 사실 오늘날에도 우리들은 하버의 영향에서 아직 벗어나지 못했답니다.

2011년에 무려 70억을 넘어선 전 세계의 인구가 극심한 식량 부족의 문제를 겪지 않고 그나마 지금처럼 비교적 안정된 사회를 유지할 수 있는 것은 전적으로 하버가 개발한 암모니아 합성 공정 덕분입니다.

오늘날 하버-보슈 공정을 통해서 생산되고 있는 암모니아의 양은 2010년을 기준으로 무려 1억 6000만 톤에 이릅니다. 그렇게 생산된 암모니아의 대부분은 식량 생산을 위한 합성 비료로 소비됩니다. 그 덕분에 오늘날 우리들은 식탁 위에 풍족한 먹거리를 놓을 수 있게 된 것입니다.

22

합성 비료가 폭탄이 된다고?

합성 비료가 높은 온도에서는 강력한 폭탄으로 돌변한답니다. 마치 야누스처럼 두 얼굴을 가진 물질이지요. 합성 비료가 엄청난 규모의 폭발을 일으켰던 실제 사고를 살펴볼까요?

제1차 세계 대전이 끝난 후 하버-보슈 공정과 오스트발트 공정은 마침내 합성 비료를 생산하는 데 사용됩니다. 이 두 공정을 통해서 얻어진 암모니아(NH_3)와 질산(HNO_3)을 반응시키면 질산 암모늄(NH_4NO_3)이 만들어집니다.

$$NH_3 + HNO_3 \longrightarrow NH_4NO_3$$

질산 암모늄은 하얀색의 결정성 고체로 물에 잘 녹을 뿐만 아니라 질소 함유량이 높기 때문에 아주 좋은 질소 비료로 사용됩니다. 그런데 당시만 해도 질산 암모늄의 뒤에 또 다른 얼굴이 숨겨져 있다는 사실을 사람들은 미처 깨닫지 못했습니다.

암모니아로부터 질소 비료를 대량 생산했던 독일 바스프사의 화학 공장은, 생산된 질산 암모늄 가루를 황산 암모늄과 함께 공장의 큰 사일로에 산더미처럼 쌓아 놓은 채 보관하고 있었습니다. 질산 암모늄이 공기 중에서 습기를 빨아들이는 성질을 가지고 있다는 사실을 대수롭지 않게 여겼던 공장 인부들은 이후 큰 곤란에 봉착합니다. 4천 500톤에 달하는 엄청난 양의 질산 암모늄이 습기로 인해서 거의 한 덩어리가 되어 버린 것입니다.

질산 암모늄을 깨뜨려서 사일로에서 꺼내기 위해 인부들은 작은 다이너마이트를 사용하기로 합니다. 1921년 9월 덩어리를 깨기 위해 터트린 작은 다이너마이트로 인해서 대참사가 일어납니다. 4천 500톤의 질산 암모늄 전체가 일시에 폭발하면서 공장 전체가 다 날아가 버리고 550여 명이 사망하게 된 것입니다. 질산 암모늄은 갑자기 높은 온도로 가열하면 급작스럽게 분해되면서 급기야는 스스로 폭발하는 성질을 가지고 있었던 것입니다.

이로써 질산 암모늄을 터뜨리면 안 된다는 사실은 알게 되었지만, 물을 흡수하는 성질은 여전히 문제가 되었습니다. 질산 암모늄 알갱이들은 시간이 지나면 서로 들러붙어서 떡이 되어 버렸지요. 이를 해결하기 위해서 미국의 한 정부 연합체는 질산 암모늄 알갱이에 왁스를 입히는 공정을 개발합니다. 문제는 왁스가 탄소와 수소로 이루어진 탄화수소라는 사실입니다. 불에 타면 왁스는 이산화 탄소와 물이 되면서 많은 열을 방출합니다. 땔감이나 다를 바가 없는 것이지요. 왁스를 입힘으로써 서로 들러붙는 문제는 해결했지만 사실상 이는 폭약 알갱이들을 일일이 땔감으로 포장해 놓은 것이나 마찬가지였습니다.

1947년 어느 날 많은 양의 질산 암모늄 합성 비료를 적재한

채 미국 텍사스시티 항구에 정박해 있던 프랑스 선적의 수송선에서 불이 납니다. 텍사스시티 소속의 모든 소방대원들이 동원되어 화재를 진압했지만 불은 꺼지지 않고 계속 타 들어갔습니다. 이 광경을 보려고 항구 주변으로 수많은 구경꾼들이 몰려듭니다. 왁스로 입혔을 뿐만 아니라 종이 봉지에 개별 포장이 되어 있었던 2천 200톤의 질산 암모늄은 마침내 강한 열을 견디지 못하고 일시에 폭발합니다. 폭발로 거대한 화재가 일어나 인근에 있던 기름 저장소까지 모두 불타기 시작합니다. 그 열로 인해서 인근에 정박해 있던 다른 수송선에 실려 있던 질산 암모늄도 연쇄적으로 폭발합니다. 그야말로 텍사스시티 항구는 아수라장이 되어 버립니다. 1,000여 채의 건물들이 내려앉고 지역 소방대원 모두를 포함한 580여 명의 사람들이 사망합니다.

》 질산 암모늄은 《
위치 에너지가 아주 높아

그렇다면 질산 암모늄은 왜 그렇게 폭발하기를 좋아할까요? 높은 온도에서 질산 암모늄이 분해되는 아래의 화학 반응식을 보면 쉽게 이해가 갑니다.

$$2NH_4NO_3(s) \longrightarrow 2N_2(g) + O_2(g) + 4H_2O(g)$$

분해 과정에서 만들어지는 물질이 모두 안정한 기체 분자들이라는 점이 눈길을 끕니다. 특히 삼중 결합을 하고 있는 질소는 매우 안정한 분자입니다. 반면에 질산 암모늄은 위치 에너지가 아주 높은 불안정한 물질이지요. 그러다 보니 불안정한 질산 암모늄이 매우 안정한 물질이 되면서 그 차이에 해당되는 많은 에너지가 모두 열로 방출됩니다. 뿐만 아니라 질산 암모늄은 기회만 되면 분해되고 싶어서 안달이 나 있는 물질입니다. 그래서 일단 분해가 시작되면 굉장히 빠른 속도로 반응이 진행됩니다. 다시 말해서 굉장히 많은 양의 에너지가 아주 짧은 시간에 방출되는 것이지요.

순식간에 방출된 열은 생성된 기체 입자들의 운동 에너지로 전환됩니다. 운동 에너지는 물체가 빨리 움직일수록, 그리고 운동 중인 물체의 무게가 무거울수록 커집니다. 이를 수학적인 관계식으로 정확하게 표현하면 '$E=1/2mv^2$'이 됩니다. 따라서 어떤 주어진 운동 에너지(E)에 대하여 질량(m) 값이 작아지면 반대로 속력(v) 값은 커지게 됩니다. 이를 염두에 두고 질산 암모늄의 분해를 보면 생성되는 기체들이 아주 작고 가볍다는 점에 주목할 필요가 있습니다. 분자들의 무게가 아주 가벼우니 질량(m) 값이 매우 작겠지요. 따라서 날아가는 입자들의 속도(v) 값은 굉장히 큰 값을 갖게 됩니다. 이는 질산 암모늄이 분해되면서 생성된 질소, 산소, 물 입자들이 그야말로 엄청난 속도로 날아간다는 것을 의미합니다. 생성된 작은 기체 입자들이 사방으로 날아가면서 폭발을 일으키는 것이지요.

질산 암모늄은 지금도 가장 많이 소비되는 화학 물질 중의 하나입니다. 거의 대부분이 식량 생산을 위한 질소 비료로 사용되지요. 서로 들러붙는 것을 방지하고 폭발하지도 않도록 요즈음은 알루미노실리케이트라고 하는 일종의 도자기용 흙과 한데 섞어서 알갱이 상태로 만들어 판매합니다. 비교적 안전한 편이지만 그래도 공기 중의 습기를 흡수하는 것을 완전히 막지는 못합니다. 그래서 습기를 차단하기 위해 아주 튼튼하고 두꺼운 비닐봉지에 밀봉해서 판매를 합니다.

🧪 단백질을 만드는 데 필요한 것은?

공기는
21% 산소(O2)
78% 질소(N2)
그리고, 1% 아르곤.

산소는
유기물을 태워서
에너지를
뽑아내는 데 쓰지.

흠, 그럼
질소는 어디에
쓰고 있는 거지?

우리 몸을 만드는
단백질의
주요 구성 성분은
질소.

이대로가
더 좋아

그러나 공기 중의
질소는 반응성이
너무 낮아서
생명체가 흡수할 수도
이용할 수도 없어.

그런데…

지구상에 질소를
먹어 치우는

생명체가
등장하지.

그것은
바로

콩과 식물의
뿌리에 자생하는
질소 고정 박테리아.

우리는
공기 중의
질소를 먹지.

공기

N_2 ⇨ NH_3 ⇨ HNO_3

질소로부터 암모니아와 질산을 만들면
해리된 질산은 뿌리를 통해 흡수되어
식물과 동물이 단백질을 만드는 데 쓰이지.

1900년대 초.
독일의 화학자
오스트발트와 하버는
촉매라는 신개념을
적용하여

화학 반응을 통해,
공기 중의 질소로부터
암모니아와 질산을
대량으로 생산하는 데
성공하지.

우리처럼?

옝!

이렇게 화학 반응을 통해서
대량 생산된 합성 비료는
인류의 식량 증산을
가능하게 해 줘.

합성 비료가 없었더라면
오늘날 인류는 극심한
굶주림에 시달렸을 것.

이후, 촉매의 개념을 적용한 수많은
화학 반응을 통해 천연 재료를
대신할 합성 재료들이
대량 생산되지.

이산화 탄소의
진실

5장

23

바닷물이 이산화 탄소를 먹어 치운다고?

공기 중의 이산화 탄소의 양은 0.04%에 불과해요. 그렇다면 석탄과 석유를 태울 때 나오는 엄청난 양의 이산화 탄소는 다 어디로 간 걸까요? 물론 나무들이 울창한 숲으로 갔을 거예요. 그런데 바닷물 속으로도 엄청나게 들어간다고 해요.

흔히 수소를 깨끗한 연료라고들 하지요. 탄소를 가지고 있지 않다 보니 수소를 태우면 이산화 탄소가 발생하지 않고 불완전 연소된 검댕도 생기지 않기 때문입니다. 수소를 태우면 오로지 수소의 산화물인 물만 만들어집니다. 따라서 수소를 태우면 사실상 오염 물질이 만들어지지 않는 셈이지요.

수소를 제외한 모든 땔감은 주된 구성 성분으로 탄소를 가지고 있습니다. 그래서 이들이 공기 중의 산소와 반응을 하면 반드시 이산화 탄소를 만들게 되지요. 우리가 가장 흔히 사용하는 땔감인 장작, 석탄, 석유의 주요 구성 성분은 탄소와 수소입니다. 그러다 보니 이들을 태울 때 가장 많이 발생하는 기체는 단연 이산화 탄소입니다.

》대기 중으로 배출되는 《 이산화 탄소

현재 전 세계 인류는 하루에 무려 8500만 배럴의 석유를 소비합니다. 석탄은 석유로 환산했을 때 하루에 6000만 배럴을 사용하지요. 무려 1억 4500만 배럴의 석유에 해당하는 화석 연료를 하루에 다 소비하는 셈인데 그중 대부분을 태워 버리지요. 이렇게 태우는 땔감으로부터 나오는 이산화 탄소의 양은 상상을 초월하는 엄청난 양입니다. 그뿐만이 아닙니다. 화산이 폭발할 때마다 대기 중으로 방출되는 이산화 탄소의 양도 실로 엄청난 양입니다.

그런데 그 많은 양의 이산화 탄소가 대기 중으로 배출된다는 사실을 고려하면 대기 중 이산화 탄소의 양이 늘어나는 폭은 생각보다는 훨씬 작은 편이랍니다. 물론 아주 작은 증가로도 지구 온난화라는 심각한 문제를 야기하지만 말입니다. 그렇다면 무엇인가가 공기 중에 배출된 이산화 탄소를 계속 잡아먹고 있는 것이틀림없어 보입니다. 그 주범 중의 하나는 식물입니다. 이산화 탄소를 뱉어 놓는 동물과는 정반대로 식물은 이산화 탄소를 흡수하고 그 대신 산소를 배출하지요. 따라서 나무들이 울창한 숲은 공기 중에 섞여 있는 이산화 탄소를 제거해 주는 아주 중요한 역할

이산화 탄소의 진실

을 합니다.

　　그러나 공기 중으로 배출되고 있는 이산화 탄소의 양은 단지 숲으로만 처리하기에는 턱도 없이 많은 양이랍니다. 숲 외에도 무엇인가가 많은 양의 이산화 탄소를 잡아먹고 있는 것이 틀림없습니다. 그것은 바로 지구 표면의 70%를 덮고 있는 바다입니다.

　　바닷물에는 소금 성분인 소듐(Na^+) 이온뿐만 아니라 포타슘(K^+), 마그네슘(Mg^{+2}), 그리고 칼슘(Ca^{+2}) 이온이 많이 녹아 있습니다. 공기 중의 이산화 탄소가 물에 녹아 들어가면 물과 반응하여

약한 산인 탄산(H_2CO_3)을 만들고, 그중 일부는 해리하여 수소, 중탄산, 그리고 탄산 이온이 됩니다. 이때 만들어진 탄산(CO_3^{-2}) 이온은 물속에 녹아 있던 칼슘(Ca^{+2}) 이온을 만나서 탄산 칼슘($CaCO_3$)의 침전을 형성하면서 바다 밑으로 가라앉습니다. 이처럼 바닷물에 녹아 있던 칼슘 이온이 탄산 이온을 낚아채어 밑바닥으로 떨구어 버리면 이를 다시 보충하기 위해서 바다의 표면에서는 공기로부터 더 많은 이산화 탄소를 끌어오게 됩니다. 그야말로 바닷물이 공기 중의 이산화 탄소를 계속 먹어 치우는 것이지요. 그렇게 먹어 치운 이산화 탄소는 결국 탄산 칼슘이 되어 바다 밑에 켜켜이 쌓입니다. 이렇게 쌓인 탄산 칼슘은 오랜 세월이 지나 석회암 층이 됩니다. 실제로 그 먹어 치우는 양이 엄청나서 우리가 태우는 석탄과 석유로부터 나오는 이산화 탄소의 약 40%를 바다가 흡수한답니다.

》 바닷물이 이산화 탄소를 《 못 먹으면?

그런데 바다도 자신이 한 번에 먹을 수 있는 이산화 탄소의 양에 한계가 있답니다. 마치 과식과 폭식을 하면 소화 장애를 일으키면서 아파서 드러눕게 되는 것처럼 바다도 너무나 많은 이산화 탄소를 먹으면 탈이 생깁니다. 최근 공기 중의 이산화 탄소의 양이 크게 늘어나면서 바다에도 이상이 생기기 시작했습니다. 녹아 들어간 이산화 탄소로 인해서 너무나 많은 탄산이 만들어지다 보니 원래 약한 염기성이었던 바닷물이 서서히 산성으로 변하기 시작한 것입니다. 이처럼 산성의 조건이 되면 탄산 칼슘의 형성이 억제됩니다. 탄산 칼슘이 만들어지지 않으니 바닷물에 녹는 이산화 탄소의 양도 자연스럽게 줄어들게 되지요.

탄산 칼슘의 형성이 억제되면 무엇보다도 해양 생물의 몸을 구성하는 뼈와 껍질 등의 생성에도 문제가 생기기 시작합니다. 새우나 조개의 새끼인 동물성 플랑크톤들이 제대로 된 껍질을 형성하지 못하게 되지요. 현재 바다가 산성화되면서 가장 치명적인 영향을 받고 있는 해양 생물은 산호입니다. 탄산 칼슘으로 구성된 골격을 가진 산호가 대량으로 폐사하는 현상이 전 세계적으로 관찰되고 있답니다. 죽어서 하얀 가루를 뒤집어쓴다고 하여 이를 '백화 현상'이라고 일컫습니다. 지구 온난화로 인한 해수 온도의 상승도 한몫을 하지만 무엇보다도 바닷물의 산도가 높아지는 것이 산호의 폐사에 결정적인 영향을 주고 있지요.

이처럼 바닷물이 염기성에서 산성으로 바뀌는 것은 마치 사람으로 치면 일종의 체한 상태가 되어서 더 이상 음식을 못 먹게 되는 것과 같습니다. 바다가 더 이상 이산화 탄소를 못 먹게 되면 어떤 일이 일어날지는 불을 보듯 자명합니다. 지구 온난화가 가속화되겠지요.

24

대기의 95%가 이산화 탄소였다고?

46억 년 전 지구 생성 초기에 대기는 사실상 이산화 탄소로 가득 차 있었어요. 무려 95% 이상이 이산화 탄소였다니 너무나 놀랍지요? 그렇게 대기를 가득 메웠던 이산화 탄소는 어디로 갔을까요?

초저녁과 새벽의 어둑어둑한 지평선 근처에는 유난히 밝은 별 하나가 보입니다. 바로 지구의 가장 가까운 이웃 행성인 금성입니다. 금성은 그 크기나 구조가 지구와 거의 같아서 때로는 지구의 자매 행성이라고도 불립니다. 금성과 지구는 지금으로부터 약 46억 년 전에 거의 똑같은 쌍둥이 행성으로 태어났습니다. 생성 당시에는 둘 다 많은 물을 가지고 있었고 대기는 이산화 탄소로 가득 차 있었지요. 특히 주목할 것은 지구의 대기도 당시에는 이산화 탄소로 가득 채워져 있었다는 사실입니다.

46억 년이라는 긴 세월이 흐른 오늘날에도 금성의 대기는 95% 이상이 여전히 이산화 탄소입니다. 가지고 있었던 물은 그 사이에 모두 우주로 달아나 버렸지요. 그러나 이와는 대조적으로 지구는 오늘날 우리가 보듯이 상당량의 물을 잃지 않고 그대로 가지고 있습니다. 더구나 지구의 대기를 채우고 있었던 이산화 탄소는 어디론가 모두 사라져 버렸고 그 대신에 공기라고 하는 새로운 조성의 기체로 채워져 있습니다. 그렇다면 오늘날 공기 중에 포함되어 있는 산소는 어디에서 온 것이며 그 많던 이산화 탄소는 모두 어디로 사라져 버렸을까요? 그 해답은 바로 광합성 반응에 있습니다.

》남세균의《
광합성 능력

지금으로부터 약 35억 년 전, 지구의 바다에는 아주 작은 단세포 박테리아가 처음으로 등장합니다. 이 식물성 박테리아는 이후 여러 개의 세포가 합쳐진 식물성 다세포 박테리아로 발전합니다. 오늘날 우리는 이 다세포 박테리아를 '남세균(cyanobacteria)'이라고 부릅니다. 놀랍게도 이들 식물성 미생물들은 태양 에너지를 원동력으로 하여 이산화 탄소로부터 유기물을 만들어 내는 광합성 능력을 가지고 있었습니다.

광합성 반응을 정성적으로 표현하면 아래와 같이 됩니다.

이산화 탄소 + 물 ⟶ 포도당 + 산소

이산화 탄소의 진실

이처럼 남세균이라는 미생물은 당시 지구의 대기를 가득 메우고 있었던 이산화 탄소를 흡수하여 이로부터 포도당을 만들어 내고, 그 과정에서 발생한 산소를 다시 대기 중으로 방출하기 시작합니다. 이후 바다에 처음으로 동물이 등장한 5억 년 전 캄브리아기에 이르기까지 무려 30억 년 동안, 미생물들은 광합성 반응을 통해서 지구 대기의 이산화 탄소를 흡수하여 끊임없이 포도당과 산소를 만들어 냅니다.

결국 30억 년에 걸친 긴 세월 동안 미생물들은 대기를 채우고 있던 이산화 탄소를 다 먹어 치우고 그 대신 산소를 도로 뱉어 놓습니다. 그 과정에서 바닷물 속에는 포도당이 잔뜩 쌓이고 그로부터 다양한 종류의 유기물이 만들어지기 시작합니다. 남세균이라는 작은 미생물들이 생명체가 필요로 하는 가장 중요한 성분인 유기물과 산소를 이산화 탄소로부터 만들어 낸 것입니다.

》 철이 사라진 바다, 《
생명체가 살다

그런데 지구 생성 초기의 바다는 매우 높은 농도의 철이 녹아 있어서 생명체가 도저히 살아갈 수가 없는 환경이었답니다. 물속에 녹아 있는 철은 사실상 살아 있는 생명체에게는 독이나 마찬가지이지요. 그런데 미생물들이 만들어 낸 산소가 바닷물에 녹아 들어가면서 철이 산소와 반응하여 산화 철의 침전을 만들기 시작합니다. 오랜 세월 동안 바다 밑에 쌓인 산화 철은 오늘날의 철광석이 되었고 녹아 있던 철이 사라진 바다는 생명체가 살기에 적합한 환경으로 바뀝니다. 철이 모두 사라지면서 마침내 바닷물 속의 산소 농도도 점차 올라가기 시작합니다.

지금으로부터 약 5억 5천만 년 전 캄브리아기에 마침내 바다는 생명체가 등장하기에 적합한 조건을 갖추게 됩니다. 독소인 철은 모두 사라지고 산소의 농도는 올라갔으며, 무엇보다도 생명체의 재료가 될 다양한 종류의 유기물들이 잔뜩 쌓여 있었지요. 모두 대기를 가득 메웠던 이산화 탄소로부터 만들어진 것들이지요. 이후 약 1000만 년의 기간에 걸쳐서 바닷속에는 다양한 종류의 동물들이 등장하기 시작합니다. 지구 전체의 나이가 46억 년이라는 점을 감안하면 1000만 년이라는 기간은 그야말로 눈 한 번 깜짝할 사이나 다름이 없답니다. 그 짧은 기간에 지구의 바닷속에는 온갖 종류의 해양 동물들이 갑작스럽게 나타나 그 개체 수를 폭발적으로 불려 나가기 시작하지요. 당시의 변화가 얼마나 급작스러운 것이었던지 오늘날 우리는 5억 5천만 년 전 캄브리아기에 지구상에 처음으로 동물이 등장한 사건을 '캄브리아 빅뱅'이라고 일컫습니다.

25

태양 에너지는 어떻게 포도당을 만들까?

대기 중의 이산화 탄소와 물이 포도당이 되려면 태양으로부터 온 빛 에너지가 필요해요. 광합성 작용에 대해서는 잘 알지요? 위치 에너지가 낮은 물질이 위치 에너지가 높은 물질이 되는 과정을 살펴보아요.

위치 에너지가 낮다는 것은 안정한 상태를 의미합니다. 쉽게 말해서 편한 상태입니다. 반면 무엇인가 불편하고 불안정하다면 필시 그것은 위치 에너지가 높다는 것을 의미합니다. 마치 높은 곳에 올라가 번지 점프를 뛰기 직전의 상태와 같은 것이지요. 그렇다면 어떻게 하면 위치 에너지가 높아지는지가 너무도 자명해집니다. 싫은 것을 억지로 하게 함으로써 불편하게 만들면 위치 에너지는 높아집니다.

》이산화 탄소와 물은《 위치 에너지가 낮은 산화물

두 개의 자석을 예로 들어 보지요. 두 자석의 같은 극을 서로 마주 보게 놓았다고 칩시다. 같은 극 사이에는 밀쳐 내는 반발력이 작용합니다. 따라서 같은 극을 마주하고 있는 두 개의 자석은 가능하면 멀리 떨어져 있으려고 하겠지요. 이 둘을 멀리 떼어 놓을수록 편하고 안정한 상태가 됩니다. 위치 에너지가 낮아지는 것이지요.

이번에는 같은 극을 마주한 두 개의 자석을 가까이 가져가 볼까요? 서로 가까이 가지 않으려고 안간힘을 쓸 것이 분명합니다. 두 자석은 가까이 갈수록 매우 불편하고 불안정한 상태가 되기 때문이지요. 바로 위치 에너지가 높은 상태가 되는 것입니다.

그럼에도 불구하고 힘을 들여서 억지로 둘을 붙여 봅시다. 기회만 되면 이 두 자석은 서로 멀리 떨어져 위치 에너지가 낮은 상태가 되려고 할 것이 분명합니다. 두 자석을 쥐고 있는 손의 힘을

이산화 탄소의 진실

빼는 즉시 곧바로 떨어져 나가겠지요. 따라서 위치 에너지가 높은 상태를 그대로 유지하려면 이 두 자석을 꽁꽁 묶어서 서로 붙어 있게 만들어야 합니다. 혹시라도 묶은 것이 풀리지 않도록 자물쇠를 채우고 열쇠는 멀리 안 보이는 곳에 던져 버려야 하는 것이지요.

　이와 같은 원리를 염두에 두고 광합성 반응을 통해서 위치 에너지가 낮은 산화물들이 어떻게 위치 에너지가 높은 포도당이라는 물질이 되는지 살펴보도록 합시다. 일단 광합성 반응을 화학 반응식으로 쓰면 아래와 같이 됩니다. 여섯 개의 이산화 탄소 분자와 여섯 개의 물 분자가 한데 모여서 하나의 포도당 분자를 만들지요. 그 과정에서 여섯 개의 산소 분자가 생성되어 공기 중으로 배출됩니다.

$$6\ CO_2(g) + 6\ H_2O(g) \longrightarrow C_6H_{12}O_6(s) + 6\ O_2(g)$$

　이산화 탄소(CO_2)와 물(H_2O)은 둘 다 산화물입니다. 에너지의 관점에서 보면 산화물은 가장 낮은 바닥에 내려와 있는 것이나 다름이 없어서 사실상 가장 안정하고 편안한 상태의 물질에 해당합니다. 사실 이산화 탄소나 물은 지금 그대로의 상태가 너무도 편안하지요. 그런데 이 녀석들을 굳이 한데 끌어모아서 서로 어깨를 맞대고 함께 붙어 있으라 하면 기분이 어떨까요? 그러지 않아도 각자 떨어진 채 아주 편하게 늘어져 있던 이산화 탄소와 물이 한데 모여 붙어 있기를 좋아할 리가 만무하지요. 그저 불편하고 싫을 것입니다.

　여러 개의 이산화 탄소와 물 분자들을 한데 모으는 것은 에너지라는 관점에서 보면 위치 에너지가 높아지는 방향의 변화입니다. 따라서 이들을 억지로 끌어모아서 함께 있게 하려면 밖에서 누군가가 자신의 에너지를 사용하면서 억지로 그리해야만 합니다. 바로 태양으로부터 온 빛 에너지가 그 역할을 하지요. 그리고 그렇게 사용된 태양 에너지가 이산화 탄소와 물의 위치 에너지를 높이는 데 들어가게 되는 것입니다.

그러나 한데 모인 이산화 탄소와 물이 불편한 상태 그대로 그냥 있을 리가 만무하지요. 곧바로 다시 흩어져 버립니다. 불편한 상태 그대로 있게 하려면 이들을 한데 꽁꽁 묶어서 한 몸으로 만들어 자물쇠를 채워야만 합니다. 그리고 다시 자물쇠를 풀지 못하도록 열쇠는 빼서 멀리 던져 버려야 하지요.

》에너지 저장 물질인《 포도당이 되려면?

광합성 반응 과정에서 이산화 탄소와 물을 구성하고 있던 탄소와 수소, 그리고 산소 원자들은 새로운 결합을 형성하면서 한 몸이 되어 커다란 포도당($C_6H_{12}O_6$) 분자를 만듭니다. 흔히 글루코스라고도 하지요. 여러 개의 이산화 탄소와 물 분자들을 한데 모아 놓고 서로 달아나지 못하도록 꽁꽁 묶은 후에 자물쇠를 채우고 잠근 것입니다. 그리고 거기에는 열쇠인 산소(O_2)가 꽂혀 있지요. 이제 남은 것은 열쇠를 뽑아서 멀리 던져 버리는 것입니다. 열쇠인 산소를 뽑아서 멀리 던져 버리고 나면 위치 에너지가 높아진 새로운

이산화 탄소의 진실

실어 실다고

포도당

물질인 포도당만 남게 되고, 포도당으로 합쳐진 이산화 탄소와 물
은 더 이상 원래의 편했던 모습으로 돌아갈 수 없게 됩니다.

이처럼 낮은 에너지 상태에 있었던 이산화 탄소와 물은 광합
성 반응으로 인해서 높은 에너지 상태의 포도당이 됩니다. 그 과
정에서 흡수된 태양 에너지가 위치 에너지로 변환이 되어 포도당
속에 저장됩니다. 더 이상 빼낼 수 있는 에너지를 가지고 있지 않
아서 사실상 쓸모가 없는 쓰레기나 다름이 없었던 이산화 탄소와
물을 이용해서, 태양 에너지를 가득 저장해 놓은 사실상의 에너지
저장 물질인 포도당을 만들어 낸 것입니다.

그렇게 포도당 속에 저장된 에너지는 우리가 나중에 언제라

도 뽑아 쓸 수 있게 됩니다. 열쇠를 포도당의 자물쇠에 꽂아서 열고 에너지를 끄집어내어 쓰는 것이지요. 그리고 그 에너지는 모두 머리 위에서 이글거리는 해가 우리들에게 건네준 태양 에너지입니다.

이산화 탄소의 진실

26

이산화 탄소로 내 몸을 만들었다고?

 풀과 나무는 이산화 탄소와 물만 먹고도 쑥쑥 잘 자라지요. 가축들은 풀만 뜯어 먹고도 저렇게 잘 큽니다. 대기 중의 이산화 탄소가 식물의 몸이 되고, 또 동물의 몸을 만드는 데 쓰이는 게 놀랍지 않나요? 이산화 탄소가 우리를 먹여 살리는 거나 다름없네요.

생성 초기에 지구의 대기를 가득 메우고 있었던 이산화 탄소는 식물성 박테리아의 광합성 작용을 통해서 대기 중에서 사라집니다. 그리고 그 과정에서 낮은 에너지 상태의 이산화 탄소가 상대적으로 높은 에너지 상태에 있는 포도당이 됩니다. 이때 에너지를 높이는 데 사용된 태양 에너지는 위치 에너지의 형태로 포도당 속에 저장되지요.

위치 에너지가 낮은 물질이 위치 에너지가 높은 물질로 바뀌면서 그 속에 에너지를 저장하는 과정은 여기에서 끝나지 않습니다. 이산화 탄소가 그랬던 것처럼 포도당도 일단 분자로 만들어지고 나면 아주 편한 상태가 됩니다. 혼자서 늘어져 있는 것을 더 좋아하지 굳이 여럿이 한데 모이려고 하지는 않습니다. 하지만 누군가 밖에서 에너지를 사용해서 이들을 한데 모으면 싫어도 억지로 모일 수밖에 없지요. 그러고는 한데 모인 포도당들이 합쳐져 한 몸이 되도록 꽁꽁 묶어서 자물쇠를 채우면 새로운 물질이 생깁니다. 물론 그렇게 자물쇠를 채운 후에는 열쇠를 반드시 빼서 멀리 던져 버려야 하겠지요. 그래야만 만들어진 새로운 물질이 다시 풀어져서 포도당으로 돌아가는 일이 벌어지지 않지요.

》포도당을 하나씩 붙이면《
식물의 몸이 돼

두 개의 포도당이 한데 합쳐져서 한 몸이 되도록 자물쇠를 채우면 수크로스나 설탕($C_{12}H_{22}O_{11}$)이 만들어지고 여기에 물(H_2O)이 열쇠로 꽂혀 있습니다. 열쇠를 그대로 두면 설탕은 다시 두 개의 포도 당으로 깨져 버리니 얼른 열쇠를 뽑아서 멀리 던져 버려야 합니 다. 이렇게 두 개의 포도당 분자를 합쳐서 만든 수크로스나 설탕 과 같은 새로운 물질을 통틀어서 이당류라고 부릅니다.

이와 같이 합쳐지는 과정은 꼬리에 꼬리를 물면서 계속 이어 집니다. 두 개의 포도당이 합쳐져서 만들어진 설탕에 또 하나의 포도당을 붙여서 자물쇠를 채우고 열쇠인 물을 뽑아 버리면 이번 에는 삼당류가 되지요. 여기에 계속 포도당을 하나씩 붙이면서 그 때마다 물을 하나씩 뽑아서 던져 버리면 사슬의 길이는 점점 길어 집니다. 그리고 그렇게 포도당을 하나씩 붙이면서 열쇠인 물을 뽑 아서 버릴 때마다 만들어지는 물질 속에는 계속 에너지가 저장되 면서 위치 에너지가 높아지지요.

그렇게 꼬리에 꼬리를 물면서 수많은 개수의 포도당 분자들 이 서로 연결되면 아주 긴 사슬 모양의 커다란 분자가 만들어지는 데 이를 '생체 고분자(bio-polymer)'라고 부릅니다. 포도당 분자를 똑같은 방향으로 계속 붙여 나가면 전분이 만들어지고, 붙일 때마 다 번갈아 가며 포도당 분자를 한 번씩 돌려서 붙이면 섬유소가 됩니다. 이렇게 만들어진 전분과 섬유소는 결국 가지와 뿌리, 그 리고 이파리와 열매 등 식물의 몸을 만들게 되지요. 대기 중의 이 산화 탄소를 끌어들여서 다양한 종류의 유기물이 만들어지는 이 모든 과정이 식물의 몸 안에서 일어납니다.

식물은 광합성 작용을 통해서 태양 에너지를 잡아들여서 포도당 속에 가두어 두는 일종의 태양 에너지 포집 장치입니다. 동시에 그렇게 포집해 들인 태양 에너지를 전분이나 섬유소 같은 탄수화물의 형태로 자신의 몸에 쌓아 두는 일종의 태양 에너지 저장 장치나 다름이 없습니다. 그 과정에서 식물은 위치 에너지가 바닥 상태에 내려가 있었던 쓸모없는 이산화 탄소를 위치 에너지가 높은 상태에 있는 포도당이나 탄수화물과 같은 유기물로 바꾸어 놓게 되지요. 그리고 그 과정에서 자물쇠를 잠그고 여는 데 필요한 열쇠의 역할을 하는 산소와 물을 잔뜩 바깥으로 내던져 버리게 됩니다.

》 식물을 먹은 동물은 《 계속 에너지를 저장해

이처럼 대기 중에 있던 이산화 탄소가 식물에 의해서 포도당이 되고 다시 덩치를 키우며 전분과 섬유질이 되면서 그 속에 에너지를 저장해 놓는 일은 여기서 끝나지 않습니다. 식물을 음식으로 섭취한 동물은 식물에서 만들어진 유기물을 이용해서 다시 새로운 유기물들을 만들면서 그 속에 계속 에너지를 쌓아 갑니다. 예를 들어 동물은 식물로부터 얻은 포도당을 계속 이어 붙여서 글리코겐이라는 탄수화물을 만들어 그 속에 에너지를 저장합니다. 만약 포도당이 너무 많아서 글리코겐만으로 저장하기에 버거워지면 그때부터는 지방이라는 물질을 만들어서 저장하기 시작하지요. 이처럼 동물이 만드는 유기물들은 식물의 전분이나 섬유질보다 더 밀도가 높은 상태로 그 안에 에너지를 저장하게 됩니다. 일종의 농축된

에너지 저장 물질이라 할 수 있지요. 따라서 동물은 식물이 광합성 작용을 통해서 포획해 들인 태양 에너지를 자신의 몸에 높은 밀도로 축적해 놓는 일종의 에너지 저장 장치나 다름이 없습니다.

》석탄과 석유는《
고농축 에너지

이처럼 생명체를 구성하는 유기물 속의 탄소는 모두 대기 중의 이산화 탄소로부터 온 것입니다. 그리고 유기물 속에는 이들이 만들어지는 과정에서 축적된 태양 에너지가 가득 저장되어 있습니다. 저장되는 에너지는 태양 에너지에서 끝나지 않습니다. 식물과 동물의 몸을 구성하고 있던 유기물은 오랜 세월이 지나 결국에는 땅속 깊은 곳에서 한데 모이게 됩니다. 그리고 그곳에서도 깊은 땅속의 마그마로부터 올라오는 지열을 이용하여 자물쇠를 채우고 열쇠인 물을 뽑아 버리면서 한데 합쳐지는 과정을 계속 이어 나갑니다. 원래 유기물에 저장되어 있던 태양 에너지뿐만 아니라 지구의 중심부로부터 퍼져 나오는 지열까지도 함께 저장해 놓게 되는 것이지요. 그렇게 만들어진 물질이 바로 석탄과 석유랍니다.

결국 석탄과 석유는 지구의 대기를 가득 채우고 있었던 이산화 탄소를 이용해서 주변으로부터 에너지를 끌어 모아서 차곡차곡 저장해 놓는 과정에서 만들어진 최종 산물입니다. 이산화 탄소를 끌어들여 만들어 낸 일종의 고농축 에너지 저장 물질인 것이지요.

27

석회 속으로 지구의 대기가 들어갔다고?

고수 동굴에 가 본 적이 있나요? 주렁주렁 종유석이 달린 천장은 물론이고 바닥과 벽도 모두 석회암으로 되어 있어요. 과거 지구의 대기를 가득 메웠던 이산화 탄소가 지금은 저 석회암 속에 들어가 있지요. 그런데 석회암을 뜨겁게 가열하면 이산화 탄소가 다시 빠져나온다고요?

지구가 태어난 46억 년 전부터 오랫동안 지구의 대기는 온통 이산화 탄소로 가득 채워져 있었습니다. 그러나 지금은 어디론가 다 사라져 공기 중에 남아 있는 이산화 탄소의 양은 기껏 해 보아야 0.04%밖에 되지 않습니다. 그 많던 이산화 탄소는 모두 다 어디로 가 버린 것일까요?

대기를 가득 메우고 있던 이산화 탄소가 사라지는 경로에는 크게 두 가지 서로 다른 길이 있습니다. 하나는 무기물이 되는 것이고 다른 하나는 유기물이 되는 것입니다. 이산화 탄소로부터 만들어진 유기물의 대표적인 예는 석탄과 석유입니다. 그렇다면 이산화 탄소가 무기물이 되어 없어지는 과정에서는 어떤 물질이 만들어졌을까요?

》이산화 탄소를《 좋아하는 물질들

아주 쉽게 말하면 무기물은 돌입니다. 화성암, 퇴적암, 변성암이라고 일컫는 암석들과 이 돌들이 잘게 부서져 가루가 된 흙은 모두 무기물입니다. 거의 대부분의 돌과 흙은 산소와 결합한 산화물입니다. 그런데 이 산화물 중에는 이산화 탄소를 좋아하는 녀석들도 있습니다. 가장 대표적인 예가 바로 칼슘의 산화물인 산화 칼슘(CaO)입니다. 흔히 '생석회'라고 부르는 일종의 흙이지요. 생석회는 어느 정도 물에 녹는 성질을 가지고 있어서 물과 반응하면 금세 '소석회'라고 부르는 수산화 칼슘[$Ca(OH)_2$]이 됩니다. 소석회는 이산화 탄소를 아주 좋아해서 공기 중의 이산화 탄소를 만나면 금세 탄산 칼슘($CaCO_3$)을 만듭니다. 바로 우리가 '석회'라고 부르는 물질이지요.

칼슘뿐만 아니라 마그네슘도 비슷한 성질을 가지고 있어서 이산화 탄소를 매우 좋아합니다. 그러다 보니 칼슘과 마그네슘을 포함하는 다양한 돌과 흙들이 탄산 성분을 가지고 있지요. 그러나 전체적인 양으로 보았을 때 탄산의 형태로 이산화 탄소를 가장 많이 끌어안고 있는 물질은 단연 석회가 으뜸입니다. 따라서 지구의 대기를 채우고 있었던 이산화 탄소가 사라지는 데 가장 큰 역할을 한 무기물은 다름 아닌 석회입니다. 그래서 곳곳에는 과거 지구 대기를 채우고 있었던 이산화 탄소로부터 만들어진 석회가 잔뜩 쌓여 있지요. 그 양이 워낙 많다 보니 심지어는 두꺼운 석회암 지층을 만들어 곳곳에 널리 분포하고 있답니다.

공기 중의 이산화 탄소(CO_2)는 물(H_2O)에 녹아 탄산(H_2CO_3)이라는 약한산을 만듭니다. 그래서 하늘에서 내리는 비는 원래 pH 수치가 약 5.6정도인 약한 산성을 띠게 됩니다. 그런데 석회는 산성 용액에 잘 녹는 성질을 가지고 있답니다. 그러다 보니 석회암으로 이루어져 있는 지역의 돌과 흙은 비가 올 때마다 빗물에 녹아서 조금씩 없어지게 됩니다. 빗물에 녹은 석회($CaCO_3$)는 소석회인 수산화 칼슘[$Ca(OH)_2$]이 되면서 물속의 수산화(OH^{-1}) 이온의 농도를 높여서 물을 염기성으로 바꾸어 놓습니다. 그 영향으로 석회암 지대의 물은 맑고 푸른빛이 약간 도는 눈에 뜨이는 특색을 갖게 됩니다.

　석회가 빗물에 녹는 과정에서 석회암 지대에는 여기저기 구멍이 생기면서 복잡하게 얽힌 동굴이 생기고 동굴 속에는 석회로 된 고드름과 기둥들이 만들어집니다. 이렇게 석회암이 녹아서 형성된 특이한 지형을 카르스트 지형이라고 부릅니다. 우리나라에서는 제천과 단양 일대가 석회암으로 이루어져 있는 대표적인 지역인데 이곳에는 고수 동굴과 같이 잘 알려져 있는 아름다운 동굴들이 있지요.

》 시멘트를 만들면 《
이산화 탄소가 돌아와

석회는 시멘트를 만드는 주원료로 사용됩니다. 시멘트는 석회를 알루미노실리케이트라는 고운 흙과 한데 섞어서 커다란 솥에서 1천 도를 넘는 높은 온도로 가열하여 만들게 됩니다. 이 가열 과정에서 석회인 탄산 칼슘($CaCO_3$)은 분해되어 생석회인 산화 칼슘(CaO)이 되고, 여기에서 이산화 탄소(CO_2)가 만들어져 대기 중으로 배출됩니다. 석회가 되면서 대기 중에서 사라졌던 이산화 탄소가 시멘트를 만드는 과정에서 다시 대기 중으로 되돌아가는 것이지요.

　오늘날 현대인들은 집, 빌딩, 도로, 교량, 항만, 터널 등 시멘트를 사용하지 않는 곳이 없습니다. 현대 문명은 그야말로 시멘트로 일으켜 세웠다 해도 과언이 아닙니다. 그러다 보니 오늘날 인

류는 엄청난 양의 시멘트를 소비하고 있습니다. 그만큼 엄청난 양의 이산화 탄소를 다시 대기 중으로 뿜어내고 있는 것이지요. 사실 시멘트 제조업은 공기 중에 엄청나게 많은 양의 이산화 탄소를 배출함으로써 지구 온난화를 가속시키는 대표적인 산업 중의 하나입니다.

28

인류가 다시 46억 년 전으로 돌아간다고?

 옴짝달싹 못하고 이곳저곳에 갇혀 있던 이산화 탄소가 앞다투어 밖으로 빠져 나오면 어떤 일이 일어날까요? 대기 중에 존재하는 이산화 탄소의 양이 크게 늘어나면 우리 주변에서는 어떤 변화가 일어날까요? 너무 끔찍해서 생각하기도 싫다고요?

전 세계의 곳곳에 분포하고 있는 석회암 지대를 구성하고 있는 탄산 칼슘($CaCO_3$)은 대기 중의 이산화 탄소에 의해서 만들어진 대표적인 무기물입니다. 지구의 대기를 가득 메웠던 이산화 탄소가 석회암 속에 갇힌 채 꼼짝 못하게 된 것이지요. 이처럼 무기물이 되는 방법 외에도 그 많던 대기 중의 이산화 탄소가 사라진 또 다른 경로는 이산화 탄소가 유기물로 변하는 것입니다.

》이산화 탄소가《 유기물이 되는 과정

대기 중의 이산화 탄소가 유기물이 되는 첫 단추는 식물의 광합성 작용에서 시작됩니다. 광합성 반응을 통해서 이산화 탄소가 포도당이라는 간단한 형태의 유기물이 됩니다. 이 단순한 유기물인 포도당은 이후 여러 단계의 반응을 거치면서 보다 덩치가 큰 다른 유기물로 변해 갑니다. 그렇게 이산화 탄소를 이용해서 만들어진 다양한 종류의 유기물들은 결국 식물과 동물의 몸을 만드는 주요 구성 성분으로 사용됩니다. 쉽게 말해서 대기 중의 이산화 탄소가 식물과 동물의 몸속에 갇혀 버리는 것이지요.

이산화 탄소에서 유기물로 변하는 단계는 여기에서 끝나지 않습니다. 울창한 숲의 나무들이 쓰러져 죽은 잔해들이 모여 흙속에 묻힌 채 오랜 세월이 지나면 결국 석탄이 됩니다. 동물과 미생물이 죽은 후에 남긴 유기물은 석탄 대신 석유가 됩니다. 한때 대기를 가득 메웠던 이산화 탄소가 식물과 동물의 몸이 되었다가 결국에는 땅속에 묻혀 있는 석탄과 석유가 된 것입니다. 이처럼 이산화 탄소가 생명체를 거쳐서 유기물로 변하면서 대기 중에서 사라지는 현상을, 이산화 탄소에 들어 있던 탄소가 다른 물질 속에 들어가 꼼짝 못하게 갇힌다고 해서 '탄소 고정(carbon fixation)'이라고 합니다.

》이산화 탄소는《
석회, 석탄, 석유, 생명체가 되었어

결과적으로 46억 년 전 지구의 대기를 가득 메우고 있었던 이산화 탄소는 크게 네 가지의 서로 다른 물질이 되어 대기 중에서 완전히 사라져 버렸다고 볼 수 있습니다. 그 네 가지 물질은 석회, 석탄, 석유, 그리고 지구상에 살고 있는 모든 생명체들입니다. 이 중에서 석회, 석탄, 석유는 모두 땅속 깊은 곳에 묻혀 있는 것들입니다. 자연적으로는 가끔 화산 폭발을 할 때 뜨거운 열에 의해서 분해된 많은 양의 이산화 탄소가 대기 중으로 뿜어져 나오기도 하지만, 굳이 우리가 끄집어내어 태우지 않는 한 오랜 세월을 그대로 땅속에 남아 있었을 것들이지요.

그런데 근현대로 들어오면서 우리 인류는 인류 문명의 발달 과정에서 땅속에 묻혀 있었던 석회, 석탄, 그리고 석유를 파내어서 놀라운 속도로 소비하기 시작합니다. 석회를 가열하여 시멘트를 제조하고 석탄과 석유를 태워서 에너지를 얻습니다. 그 과정에서 아주 짧은 기간에 걸쳐서 엄청나게 많은 양의 이산화 탄소를

이산화 탄소의 진실

다시 대기 중으로 뿜어 놓기 시작합니다. 급기야 21세기에 들어오면서 공기 중의 이산화 탄소의 농도가 빠른 속도로 증가하기 시작합니다. 원래 전체 공기의 0.03%를 차지했던 이산화 탄소의 양이 2013년에는 0.04%를 넘어섰고 이후 계속 늘어나 이제는 0.045%를 지나고 있습니다.

탄소가 어떤 물질에 들어 있든지 상관없이 우리 지구가 가지고 있는 탄소의 총량은 이미 일정한 값으로 정해져 있습니다. 따라서 우리가 지금처럼 석회, 석탄, 석유를 마구 태워서 없애 버리면 이를 대신해서 무엇인가는 반드시 늘어나야만 합니다. 대기 중의 이산화 탄소의 양이 크게 늘어나든지 아니면 지구상에서 살아가고 있는 생명체의 양이 늘어나야만 하는 것이지요. 아주 간단한

셈법으로도 이는 너무도 자명한 결과입니다.

아마도 앞으로 인류는 이 두 가지가 모두 다 늘어나는 것을 보게 될 것입니다. 대기 중의 이산화 탄소의 양은 곧 0.05%에 도달할 것입니다. 동시에 이산화 탄소를 이용해서 자신의 몸을 만드는 생명체들의 개체 수가 급격하게 늘어나는 것도 보게 될 것입니다. 아마도 처음에는 눈에 보이지 않는 식물성 미생물의 개체 수가 늘어나기 때문에 그러한 사실을 우리들이 미처 알아채지 못할 공산이 큽니다. 그러나 어느 정도 시간이 지나면 식물성 미생물을 먹고 자라는 동물성 미생물의 개체 수마저 덩달아 증가하면서 우리가 사는 주변 환경, 특히 강과 바다는 온통 이들 미생물들로 득실거리게 될지도 모릅니다.

》고정된 탄소의 양, 《
탄소를 어디에 둬야 해?

지구 생성 초기에 대기를 메우고 있었던 이산화 탄소에 들어 있던 탄소의 양은 이미 고정된 값입니다. 따라서 그 탄소가 어디로 가느냐 하는 문제는 사실상 제로섬 게임의 룰을 따릅니다. 어디에선가 적어지면 반드시 어디에선가는 많아져야만 하지요. 이것은 과학과 기술로도 피해 갈 수 없는 엄연한 현실입니다. 결국 지구의 깊은 땅속, 지구의 표면, 그리고 지구의 대기라는 세 장소 중에서 어디에 탄소를 쟁여 놓을 것인지의 문제만 남습니다. 그런데 우리 인류는 이미 지구의 깊은 땅속에 쟁여 있던 탄소를 모두 끄집어내어 지구의 대기 중으로 옮기고 있는 것이지요. 그리고 그러한 행동이 우리에게 어떤 결과를 가져올지는 적어도 현재로서는 아무도 정확하게 알지 못합니다. 하지만 많은 사람들이 어떤 모종의 느낌은 갖게 됩니다. 매우 불길하다는 느낌이지요.

🧪 공기, 물, 불, 흙이 연결되어 있다고?

식물은 광합성 반응으로 이산화 탄소와 물로부터 유기물을 만들고 이를 자신의 몸속에 잔뜩 쌓아 놓아.

그리고 이 과정에서 산소도 만들지.

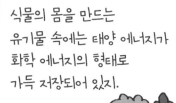

식물의 몸을 만드는 유기물 속에는 태양 에너지가 화학 에너지의 형태로 가득 저장되어 있지.

잎, 열매, 가지 등이 땅 위에 떨어져 흙과 섞이면 그 속에 든 유기물을 먹으려고

미생물들이 달려들어.

유기물을 맛있게 먹은 흙 속의 미생물들은

흙과 돌 위에 분비물을 잔뜩 뱉어 놓지.

원래는 물에 녹지 않던
흙과 돌은

분비물에 의해 녹아서
미네랄 성분들을 내어놓아.

세월이 흐르면

표토 속에는
흙에서 녹아 나온 미네랄과
유기물이 풍부해져.

이들을 먹고
자란 식물은
동물들에게
먹거리를
제공하고

비옥한 표토

그 안에 들어 있던
에너지는 결국
사람에게
오지.

이처럼 공기, 물, 불, 흙은 밀접하게
연결되어 있지.

불 (에너지)

공기 (기체)

흙 (고체)

물 (액체)

이들에 대한 궁금증을
풀어 가는 과정이 바로 **화학**이야.

천의 얼굴
메탄

6장

29

박테리아가 트림을 한다고?

음식을 먹고 나면 왜 트림을 할까요? 음식이 우리 몸 안에서 소화되는 과정에서 가스가 발생하는 거지요. 혐기성 박테리아가 발효를 하는 과정에서도 가스가 발생해요. 이때 어떤 종류의 가스가 나올까요?

식물과 동물, 석유와 석탄 등을 구성하고 있는 유기물은 사실상 에너지를 잔뜩 쌓아 놓은 에너지 저장 물질입니다. 지구상에서 살아가는 모든 생명체는 자신의 생명을 유지하기 위해서 반드시 에너지를 필요로 하지요. 그러다 보니 어떤 형태로든 이들 유기물로부터 에너지를 얻어야만 살아갈 수 있습니다. 인간도 예외가 아니어서 유기물의 형태로 무엇인가를 먹어야만 살아갈 수 있지요. 그래서 우리는 식물과 동물로부터 온갖 먹거리를 얻게 됩니다.

음식을 통해서 섭취한 유기물로부터 에너지를 인출해 나가려면 자물쇠를 풀어 줄 열쇠가 필요합니다. 일단 덩치가 큰 유기물을 잘게 부수어 놓으려면 물이라는 열쇠가 필요합니다. 우리 인간의 신체는 $60 \sim 70\%$가 물로 이루어져 있어서 언제든지 물을 가져다가 유기물을 깨뜨리는 데 필요한 열쇠로 사용할 수 있지요. 이렇게 물을 이용해서 유기물의 자물통을 풀어 주는 반응을 물을 가한다는 의미로 '가수 반응'이라고 일컫습니다.

》 에너지를 뽑아내는 데 《
산소가 필요해

물로 자물통을 풀어서 유기물을 잘게 부수어 놓는 과정에서 포도당(글루코스)이 얻어지면 마침내 에너지를 뽑아낼 수 있게 됩니다. 이때는 산소라는 다른 종류의 열쇠가 필요합니다. 필요한 산소는 밖으로부터 공급받아야만 하는데 이를 위해서 우리는 호흡을 하게 되지요. 공기 중의 산소를 끌어와서 에너지를 인출하기 위한 열쇠로 사용하는 것입니다.

산소라는 열쇠를 포도당에 꽂아서 자물통을 열면 포도당은 이산화 탄소와 물로 되돌아가면서 자신이 가지고 있던 에너지를 밖으로 내어 줍니다. 속도가 느려서 그렇게 보이지 않을 뿐이지 실제로 이것은 무엇인가를 태우는 '연소 반응'입니다. 말 그대로 우리는 몸속에서 포도당을 태우고 있는 것이지요. 이렇게 산소를 이용해서 포도당으로부터 에너지를 뽑아내는 반응은 아래와 같이 표현됩니다.

포도당 + 산소 → 이산화 탄소 + 물 + 열

그런데 이 연소 반응은 식물이 공기 중의 이산화 탄소와 물을 한데 합쳐서 포도당을 만들었던 광합성 반응을 거꾸로 뒤집어 놓은 '역반응'입니다. 따라서 포도당으로부터 뽑아내어 사용하는 에너지는 결국 광합성 과정에서 태양으로부터 흡수했던 빛 에너지에 해당합니다. 아래의 광합성 반응과 비교해 보면 더욱 쉽게 이해할 수 있지요.

이산화 탄소 + 물 + 태양열 → 포도당 + 산소

우리 인간은 물론이고 지구상의 모든 생명체들이 살아 움직이게끔 해 주는 원동력은 결국 태양 에너지로부터 온 것입니다. 그야말로 태양은 생명의 원천인 셈이지요. 그리고 그 태양 에너지를 사용하기 위해서 없어서는 안 되는 중요한 열쇠가 바로 공기 중의 산소입니다.

》산소가 없으면《
미생물이 에너지를 뽑아내

그렇다면 만약 유기물만 있고 공기 중에 산소가 없다면 어떻게 될까요? 당연히 연소 반응을 통해서 유기물 속에 들어 있는 에너지를 뽑아 쓸 수가 없게 됩니다. 그런데 우리 주변에는 실제로 유기물만 있고 산소가 없는 곳이 생각보다 많습니다. 유기물이 땅속이나 바닷속의 깊은 곳까지 흘러 들어가면 그곳에는 산소가 존재하지 않지요. 유기물이 쌓이는 하수구나 정화조와 같이 공기가 통하지 않는 밀폐된 공간에도 산소가 거의 없습니다. 음식을 담은 용기에 뚜껑을 덮어 놓아도 얼마 지나지 않아 산소가 없어지지요. 심지어 음식이 가득 찬 우리 배 속의 장에도 산소가 존재하지 않습니다. 그러니 이런 장소에 있는 유기물 속의 에너지는 아까울 수밖에 없습니다.

그런데 이처럼 산소가 없는 곳에서도 유기물에서 에너지를 뽑아낼 방법이 있답니다. 그것은 바로 자물통을 열지 않은 채 포도당을 있는 그대로 깨뜨려 에너지를 빼내는 것입니다. 물론 이렇게 빼내는 에너지는 산소를 사용할 때에 비하면 훨씬 적은 양일 수밖에 없습니다. 놀라운 것은 우리 눈에 보이지도 않는 미생물이 그러한 무지막지한 방법으로 에너지를 뽑아낸다는 사실입니다. 공기를 싫어한다고 해서 이들 미생물을 '혐기성 박테리아'라고 부릅니다. 우리가 흔히 '발효'라고 부르는 과정이 바로 이 혐기성 박테리아들이 유기물을 깨뜨려서 에너지를 빼내는 반응입니다. 혐

기성 박테리아가 유기물에서 에너지를 뽑아내는 반응은 다음과
같이 표현됩니다.

$$포도당 \rightarrow 이산화\ 탄소 + 메탄 + 열$$

》혐기성 박테리아가《
메탄을 만들어

주목할 것은 산소를 이용해서 에너지를 뽑아낼 때 만들어졌던 물
을 대신하여 이번에는 메탄이라는 기체가 만들어진다는 사실입

혐기성 박테리아

니다. 김치와 같은 발효 음식을 만들 때 보글거리며 작은 거품이 발생하는 이유도, 이처럼 혐기성 박테리아들이 유기물로부터 에너지를 빼내는 과정에서 이산화 탄소와 메탄 기체가 만들어지기 때문이지요. 실제로 유기물이 널려 있는 자연에는 혐기성 박테리아들에 의해서 메탄 기체가 만들어지고 있는 장소가 아주 많답니다. 자연에서 저절로 만들어지는 인화성 기체를 통틀어서 '천연가스'라고 부르는데 특별히 혐기성 박테리아에 의해서 만들어지는 가스를 '바이오 가스(biogas)'라고 일컫습니다. 사실상 메탄의 다른 이름인 셈입니다.

30

지구가 온통 메탄 방귀를 뀐다고?

다른 동물들도 우리처럼 음식을 먹고 나면 방귀를 뀔까요? 소의 방귀와 트림이 온실가스의 주범이라는 얘기는 들어 봤지요? 그런데 음식 쓰레기처럼 그냥 버려진 음식에서도 가스가 발생해요. 게다가 정화조 안에도 가스가 가득 있대요.

탄소와 수소만으로 이루어진 메탄(CH₄)은 산화물이 아닙니다. 메탄은 혐기성 박테리아가 포도당을 깨뜨려서 에너지를 빼내는 과정에서 아직 산화물이 되지 못한 채 남겨진 작은 유기물 쪼가리입니다. 산소라는 열쇠를 사용하지 않고 억지로 에너지를 빼내다 보니, 포도당이 원래 가지고 있던 에너지를 온전히 다 뽑아내지 못한 채 이 작은 유기물 쪼가리인 메탄 속에 남기게 된 것입니다. 따라서 메탄가스를 다시 산소와 반응시키면 그 속에 남아 있던 에너지를 마저 뽑아낼 수 있습니다. 그래서 우리는 메탄가스를 연료로 사용하게 된 것이지요.

메탄은 혐기성 박테리아들이 공기가 희박한 곳에 있는 유기물을 먹는 과정에서 만드는 기체입니다. 그러다 보니 공기가 닿지 않는 곳에 많은 유기물이 쌓이게 되면 그곳에서는 다량의 메탄 기체가 발생하지요.

한강의 성산 대교 북쪽 끝에서 강변 북로를 타고 일산 방향으로 들어서면 도로의 우측으로 한동안 높은 언덕이 이어집니다. 그 위에는 시민들을 위한 하늘 공원이 마련되어 있고 골프장도 있지요. 사실 이곳은 1980년대 말까지만 해도 서울 시민이 내다 버린 쓰레기가 모이던 난지도 매립지였습니다. 쓰레기가 쌓여 길고 큰 언덕이 생기면서 더 이상 쓰레기를 버릴 수 없게 되자 1990년대 초부터 김포 지역에 인천 매립지를 만들고 난지도의 쓰레기 산은 지금처럼 공원으로 만든 것이지요.

유기물이 쌓여 있는 쓰레기 매립지는 혐기성 박테리아에게 마치 천국과 같은 곳입니다. 1980년대까지만 해도 내다 버리는 음식 쓰레기가 많지 않았던지 난지도 매립지에 쌓인 쓰레기에는 유기물이 그리 많지 않았습니다. 그러나 이후 서울 시민이 내다 버리는 음식 쓰레기가 급증하면서 인천 매립지에는 상당량의 유기물이 쌓이게 되었고 여기에서 많은 메탄가스가 발생하기 시작했지요. 이 메탄가스를 한데 모으면 아주 유용한 연료가 됩니다. 현재 이곳에 건설한 세계 최대 규모의 열병합 발전소에서는 인천 매립지에서 발생한 메탄을 태운 열을 이용하여 많은 양의 전기 에너지를 생산하고 있답니다.

》정화조 안의 메탄가스는《
시한폭탄이야

각 가정집에도 쓰레기가 한데 모이는 곳이 있지요. 바로 정화조입니다. 집에서 버리는 하수와 분뇨의 건더기는 모두 정화조에 한데 모이고 걸러진 물만 하수관을 통해 흘러 나갑니다. 법령에 의해서 정화조에는 배기관을 설치하고 모터를 가동하여 상시적으로 공기를 불어 넣어 주게 되어 있습니다. 그러나 종종 불쾌한 냄새 때문에 배기관을 막아 버리거나 공기를 불어 넣는 모터를 작동하지 않는 경우가 있습니다. 이처럼 공기가 통하지 않게 된 정화조 안은 혐기성 박테리아에게는 천국이나 마찬가지이지요. 더운 여름이 되면 밀폐된 정화조 안에는 메탄가스가 가득 차게 됩니다. 마치 언제 터질지 모르는 시한폭탄이나 마찬가지이지요. 실제로 가

천의 얼굴 메탄

정집 정화조가 폭발하면서 화장실 바닥이 내려앉고 아파트 정화조가 폭발하면서 상가 앞 주차장이 폭삭 주저앉은 사고가 기사화되기도 했답니다.

2008년 대한민국 최초의 우주인이 되어 국제 우주 정거장에서 11일간 체류했던 이소연은 우주인이 되기 위한 수많은 선발 과정을 모두 통과한 여성 공학자입니다. 우주인이 되기 위해서 거쳐야 하는 수많은 시험 중에는 방귀에 관한 테스트도 있답니다. 우주 음식을 섭취했을 때 얼마나 많은 양의 방귀를 뀌는지 시험하는 것이지요. 음식 찌꺼기가 한데 모이는 우리 배 속의 소장과 대장도 쓰레기 매립지나 정화조처럼 혐기성 박테리아에게는 천국이나 다름이 없습니다. 그러다 보니 자신이 깨닫건 깨닫지 못하건 성인 한 명이 보통 하루에 큰 생수병 하나 정도인 약 2L의 방귀를 뀐다고 합니다. 다름 아닌 배 속에서 만들어진 메탄가스이지요. 그런데 사람마다 장 속에 키우는 혐기성 박테리아의 종류가 서로 다르다 보니 음식의 종류에 따라서 만들어지는 메탄가스의 양이 다 다르다고 합니다. 밀폐된 공간에서 생활할 수밖에 없는 우주인이 우주 음식을 먹고 계속 방귀만 뀌어 댄다면 당연히 자격 미달이겠지요.

소는 먹은 음식을 게웠다가 씹어서 다시 삼키는 되새김질을 반복합니다. 그러다 보니 소는 사람과는 달리 방귀를 뀌는 대신 트림을 자주 하지요. 그런데 그 양이 믿기지 않을 정도로 많습니다. 계속된 트림을 통해서 소 한 마리가 하루에 무려 500L의 메탄가스를 대기 중으로 뱉어 놓는다고 합니다.

　메탄은 사실 가장 강력한 온실가스 중의 하나입니다. 대기 중에 그 양이 많아지면 지구 온난화를 가속시키게 되지요. 그러다 보니 소가 대기 중으로 방출하는 메탄가스는 큰 골칫거리가 됩니다. 실제로 목축업을 많이 하는 호주에서는 전체 온실 기체의 15% 정도가 소의 트림을 통해서 배출된 메탄가스라고 합니다.

　그래서 어떤 사료를 먹여야 소의 트림을 줄일 수 있는지에 대한 많은 연구를 하고 있지요. 소의 내장에 살고 있는 혐기성 박테리아의 종류에 대한 연구도 하는데 신기한 것은 호주의 상징인 캥거루는 소와 똑같은 먹이를 먹어도 전혀 트림을 하지 않는다고 합니다.

31

메탄이 천의 얼굴을 가지고 있다고?

가정에서 사용하는 도시가스와 서울시 공용 버스의 연료로 사용하는 압축 천연가스는 어떤 물질일까요? 외국에서 수입하는 액화 천연가스와 최근 새로운 연료로 소개되는 셰일 가스는 또 어떤 물질일까요? 신기하게도 다 같은 물질이랍니다.

석유와 석탄도 사실상 유기물이나 다름이 없습니다. 땅속 깊은 곳의 높은 압력에 짓눌린 상태로 지구 중심부에서 올라오는 뜨거운 열을 받으면 석유와 석탄의 일부가 쪼개져 메탄을 만듭니다. 그렇게 만들어진 메탄가스는 지층의 빈 공간에 모여 가스전을 형성합니다. 석유가 많이 매장되어 있는 중동 특히 이란 인근 지역에는 큰 가스전이 집중되어 있지요. 최근에는 시베리아 북부 지역의 가스전에서도 많은 메탄가스가 생산되면서 러시아 경제의 한 축을 담당하고 있답니다. 육지뿐만 아니라 바다 밑에도 가스전들이 널리 분포하고 있어요. 이처럼 가스전에서 얻어지는 인화성 기체를 천연가스라고 하는데 약간의 불순물이 들어 있지만 사실상 메탄가스를 말합니다.

》기체 메탄을《
액체로 응축시켜 수입해

우리는 이들 가스전에 매장되어 있는 메탄가스를 뽑아 올려서 주로 연료로 사용합니다. 가스전을 가지고 있지 않은 나라에서는 메탄가스를 외국으로부터 수입해 와야 하는데 대한민국도 예외가 아닙니다. 마치 가스관을 통해서 각 가정에 도시가스를 공급하듯이 국가 간에도 커다란 가스관을 설치하여 메탄을 사고팔지요.

그런데 삼면이 온통 바다로 둘러싸여 있고 북쪽으로는 북한에 가로막힌 대한민국은 메탄을 배로 실어 올 수밖에 없습니다. 배에다가 최대한 많은 양의 메탄을 실어 오려면 일단 기체의 큰 부피를 줄여야만 합니다. 부피를 줄이는 가장 합리적인 방법은 기체를 냉각시켜서 액체로 응축시키는 것이지요. 기체 상태의 메탄을 액체 상태로 응축시키면 부피가 약 1/600로 줄어듭니다. 액체로 만들어서 부피를 줄인 메탄을 냉각 장치가 된 커다란 탱크를 장착한 수송선에 실어서 수입해 오지요. 이렇게 들여온 메탄을 '액화 천연가스(Liquefied Natural Gas)'라고 하며 영어의 앞 글자만을 따서 'LNG'라고 일컫습니다.

인천항 외곽으로 나가면 좁고 긴 간척지에 거대한 탱크들이 줄지어 서 있는 곳이 있어요. 이곳이 바로 수송선에 실어서 외국으로부터 수입해 온 액화 천연가스를 저장하는 곳입니다.

메탄은 원래 색도 맛도 냄새도 없는 기체랍니다. 공기 중에 가득 차서 폭발 직전이 되더라도 전혀 알 수가 없겠지요. 그래서 이곳 저장소에서는 액화 천연가스를 다시 기체 상태로 기화시켜서 각 가정에 보급하기 전에 지독한 냄새가 나는 부취제라는 물질을 메탄가스에 섞어 줍니다. 시어 빠진 김치에서 나는 냄새의 성분과 유사한 물질이어서 극미량만 섞어도 냄새가 지독해진답니다. 그렇게 해 두면 냄새를 통해서 가스가 샌다는 사실을 쉽게 알아챌 수 있게 됩니다. 주로 대도시의 주민들에게 난방 취사용으로 공급하기 시작했다고 해서 이렇게 공급되는 메탄가스를 '도시가스'라고 부르기도 합니다.

》메탄가스는《
자동차 연료로 사용돼

메탄은 매우 순수한 물질인 데다가 기체이기 때문에 공기 중에서 태우면 거의 완전 연소를 합니다. 그러다 보니 이산화 탄소와 물 이외의 검댕이나 미세 먼지를 거의 만들지 않는답니다. 그래서 최근에는 자동차의 연료로 경유나 휘발유 대신에 메탄을 적극 사용하기 시작했습니다. 연료통에 최대한 많은 양의 메탄을 넣으려면

부피를 줄여야 하는데 냉각 장치를 이용해서 액체로 응축시키기에는 너무 많은 비용이 들지요. 그래서 단순히 압력을 가해서 메탄의 부피를 줄입니다. 이렇게 압축된 메탄가스를 '압축 천연가스(Compressed Natural Gas)'라고 하며 앞 글자만을 따서 'CNG'라고 합니다. 종종 거리에서 'CNG'나 'NGV'라는 영문 표기를 부착하고 다니는 버스를 보게 되는데 NGV는 '천연가스 자동차(Natural Gas Vehicle)'의 약자이지요. 모두 천연가스인 메탄 기체로 운행하는 버스들입니다.

서해안에 가면 썰물에 드러나는 넓은 갯벌을 볼 수 있습니다. 강이나 호수에서도 바닥에 쌓인 진득한 흙을 볼 수 있지요. 이러한 진흙 속에는 많은 유기물이 섞여 있게 마련입니다. 오랜 세월이 지나서 유기물이 잔뜩 섞인 진흙이 땅 밑으로 들어가 높은 압력과 열에 의해서 돌이 되면, 이를 퇴적암 혹은 이암이라고 부릅니다. 이렇게 진흙이 퇴적암이 되는 과정에서 그 안에 섞여 있었던 유기물에서는 메탄가스가 만들어집니다. 아주 고운 흙이 돌이 되다 보니 퇴적암에는 기체가 빠져나갈 구멍이 전혀 없습니다. 그러다 보니 생성된 메탄가스가 빠져나가지 못한 채 퇴적암의 갈라진 틈 사이사이에 끼어 있게 되지요. 이암을 영어로는 '셰일(shale)'이라고 합니다. 그래서 이렇게 이암의 틈 사이에 끼어 있는 메탄가스를 '셰일가스'라고 합니다.

기존 유전의 석유가 서서히 고갈 국면에 들어가면서 최근에는 그동안 거들떠보지도 않았던 셰일 가스에 대한 관심이 급격하게 높아져 가스전 개발에 열을 올리고 있지요. 그러고 보면 메탄은 채취하는 방법이나 사용되는 용도 등에 따라서 서로 다른 이름으로 불리는 천의 얼굴을 가진 기체인 셈이지요.

천의 얼굴 메탄

32

우리나라 바다 밑에 메탄이 깔려 있다고?

얼음에 불이 붙을 수 있을까요? 차디찬 얼음에 불이 붙는 건 아무래도 이상하죠. 그런데 실제로 '불타는 얼음'이 있어요. '불타는 얼음'은 어떻게 만들어질까요? 우리나라의 어느 곳에 가면 '불타는 얼음'이 가장 많이 묻혀 있을까요?

지구상에 살고 있는 모든 생명체를 무게로 환산했을 때 놀랍게도 그중의 약 1/3을 미생물이 차지하고 있답니다. 눈에 보이지도 않는 미생물이 지구를 실제로 지배하고 있다고 해도 과언이 아닐 정도이지요. 사실상 유기물이 있는 곳이라면 어디든지 가리지 않고 미생물이 득실거립니다. 땅의 표면은 물론이고 깊은 땅과 바닷속 심지어는 하늘의 구름 속에도 미생물들이 살지요. 놀라운 것은 차갑고 딱딱한 얼음 속도 마찬가지라는 사실입니다.

북극을 중심으로 반경 약 3,000Km의 원 안에 들어오는 북극권에 위치한 육지는 일 년 내내 꽁꽁 얼어 있는 곳입니다. 캐나다 북부 지역과 미국의 알래스카, 덴마크령 그린란드, 노르웨이, 스웨덴, 핀란드의 북부 지역, 그리고 러시아의 북부 시베리아가 여기에 속합니다. 항상 얼어 있다고 하여 이곳을 흔히 '영구 동토층(permafrost)'이라고 부르지요.

》얼음 속으로 숨어 들어간《 메탄가스

영구 동토층에도 다양한 종류의 동식물이 살고 있습니다. 그러다 보니 얼어 있는 땅속으로 유기물이 계속 흘러 들어가지요. 당연히 그곳에는 혐기성 박테리아들이 우글거리며 달려듭니다. 그리고 유기물을 분해해서 에너지를 빼내는 과정에서 메탄을 만듭니다. 그런데 신기하게도 혐기성 박테리아들이 만든 메탄가스는 공기 중으로 배출되지 않고 얼음 속으로 숨어 들어간답니다.

천의 얼굴 메탄

딱딱한 얼음은 겉으로 보기에 속이 꽉 차 있는 것처럼 보이지만 실제로는 속이 거의 텅 비어 있는 고체랍니다. 원자의 수준에서 얼음을 들여다보면 마치 일정한 크기의 작은 거품들을 다닥다닥 붙여 놓은 것과 같은 그물형 결정 구조를 가지고 있습니다. 사방이 육각형의 윤곽으로 둘러싸여 있는 각각의 빈 방은 아주 작은 분자가 들어가기에 적당한 크기를 가지고 있지요. 혐기성 박테리아가 유기물을 먹는 과정에서 뱉어 놓는 이산화 탄소와 메탄의 크기가 바로 이 얼음 속의 빈 공간에 딱 들어맞아요. 그러다 보니 영구 동토층에서 혐기성 박테리아에 의해 만들어진 이산화 탄소와 메탄은 공기 중으로 배출되는 대신 곧바로 주위의 얼음 속 빈 공간으로 들어가서 머물게 됩니다. 이렇게 만들어진 물질을 가스와 물이 합쳐졌다고 하여 '가스 하이드레이트'라고 부릅니다. 얼음이 자신의 빈 방으로 기체를 초청한 셈이어서 이러한 물질을 흔히 주인과 손님의 관계를 통해서 만들어졌다고도 말합니다.

지구상에는 영구 동토층 말고도 항상 얼어 있는 곳이 있습니다. 그곳은 바로 수심 200~300미터의 깊은 바다 밑에 있는 동토층으로 특히 대륙붕 사면에 걸쳐서 널리 분포하고 있습니다. 육지로부터 내려온 유기물은 이곳 깊은 바닷속까지도 흘러 들어옵니다. 당연히 혐기성 박테리아들이 증식하면서 유기물을 먹고 메탄을 만들게 되지요. 생성된 메탄은 주변의 얼음 속 빈 공간으로 들어가 '메탄 하이드레이트'가 됩니다.

원래 염도와 압력이 높은 깊은 바다에서는 영하의 온도가 되어도 여간해서 얼음이 얼지 않습니다. 그런데 희한하게도 이 바다 밑의 동토층에서는 영상의 온도에서도 얼음이 언답니다. 빈 공간에 들어간 메탄으로 인해서 텅 빈 얼음의 구조가 안정해지면서 생긴 현상이지요. 이렇게 깊은 바다 밑에서 만들어진 메탄 하이드레이트를 건져 올려서 불을 붙이면 얼음이 녹으면서 방출된 메탄가스에 불이 붙습니다. 말 그대로 얼음에 불이 붙는 것이지요. 그래서 메탄 하이드레이트를 흔히 '불붙는 얼음'이라고도 일컫습니다.

》메탄가스 때문에《
독도를 탐낸다고?

북극권의 영구 동토층과 바다 밑의 얼음 속에 매장되어 있는 메탄가스의 양은 탄소로 환산했을 때 석유와 석탄의 총 매장량을 능가하는 엄청난 양입니다. 에너지 자원으로서의 미래 가치가 매우 클수밖에 없지요. 그러나 깊은 바다 밑에서 메탄 하이드레이트를 채굴하는 기술은 아직 걸음마 단계입니다.

그런데 최근 이 기술의 계발을 위해 막대한 투자를 시작한 나라가 있습니다. 바로 일본입니다. 지난 2013년에 깊은 바다 밑에서 메탄 하이드레이트를 채굴할 수 있는 시추선을 완성했고 2017년에는 이를 대량으로 건져 올리는 데 성공합니다. 그렇다면 일본은 깊은 바다 밑에서 메탄가스를 채굴하는 기술을 실제로 어디에서 사용하려고 그렇게 대대적인 투자를 한 것일까요? 우리는 울릉도와 독도 인근 해역의 대륙붕 사면이 메탄 하이드레이트의 매장지

천의 얼굴 메탄

로 최적의 조건을 갖추고 있다는 점에 주목해야만 합니다. 왜 일

본이 외교적인 무리수를 두고 역사마저 왜곡하면서까지 독도를

탐내는지 그 속내를 정확하게 꿰뚫어 볼 필요가 있는 것이지요.

33

얼음이 녹으면 왜 재앙이 닥칠까?

이산화 탄소보다 더 지독한 온실가스가 메탄가스예요. '불타는 얼음' 속에 갇혀 있는 메탄가스가 일시에 풀려나면 정말 큰일이 나겠네요. 지구의 평균 온도가 올라가서 얼음이 녹으면 메탄가스가 한꺼번에 나오지 않을까요?

식물이 광합성 작용을 통해서 태양 에너지를 포획해 들이고 동물이나 미생물이 유기물로부터 에너지를 뽑아내는 것처럼 작은 분자들도 외부로부터 오는 에너지를 흡수합니다. 바로 자기 자신의 몸을 흔들고 떠는 '진동(vibration)'을 통해서입니다. 얌전하게 가만히 있던 분자가 외부로부터 열을 받으면 갑자기 자신의 몸을 마구 흔들고 떨면서 진동을 시작합니다. 외부로부터 받은 열 에너지를 진동의 운동 에너지로 전환하여 자신의 몸속에 저장하는 분자의 행동이지요. 그렇게 진동하던 분자는 나중에 그 에너지를 다른 녀석에게 전해 주든지 아니면 그냥 외부로 열을 방출해 버리고 다시 얌전해집니다. 자신이 잠시 흡수해서 저장해 두었던 에너지를 다시 바깥으로 내뱉는 것이지요.

》대표적인 온실가스는《
바로 수증기

그런데 분자의 구조가 너무 간단하면 흔들며 떨고 싶어도 그리할 방법이 별로 없게 됩니다. 그러다 보니 질소나 산소처럼 간단한 분자는 진동을 통해서 열을 잘 흡수하지 못합니다. 그러나 분자의 덩치가 조금 커지거나 구조가 복잡해지면 상황은 달라집니다. 뻗고 뒤틀고 찌그러뜨리는 등 자신의 모양을 이리저리 바꿀 여지가 생기면 분자는 진동을 통해서 열을 잘 흡수하게 됩니다. 공기 중의 이산화 탄소나 메탄이 바로 그 경우에 해당합니다.

이처럼 자신의 몸을 진동하면서 외부로부터 열을 흡수해 두었다가 나중에 이를 다시 외부로 방출하는 기체를 '온실가스 (greenhouse gas)'라고 부릅니다. 낮이 되어 햇볕이 쨍쨍 내리쪼이면 공기 중의 온실가스는 진동을 하면서 그 열을 흡수합니다. 태양이라는 열원으로부터 온 에너지가 운동 에너지의 형태로 온실가스 속에 저장되는 것입니다. 그러다가 밤이 되어 해가 지면 그때부터는 온실가스 그 자신이 새로운 열원이 됩니다. 진동을 멈추고 얌전해지면서 온실가스는 자신이 저장해 놓았던 에너지를 다시 열로 방출합니다. 밤이 되어 태양은 사라졌지만 온실가스라는 눈에 보이지 않는 열원들이 주변을 따뜻하게 만들어 주는 것이지요. 그래서 공기 중에 온실가스의 양이 많으면 마치 온실 속에 있는 것처럼 밤이 되어도 계속 온기를 유지하게 되지요. 이처럼 공기 중의 온실가스에 의해서 대기의 온도가 높아지는 현상을 '온실

천의 얼굴 메탄

효과(greeenhouse effect)'라고 말합니다.

　사실 가장 대표적인 온실가스는 바로 수증기입니다. 공기 중의 물 분자는 낮에는 태양열을 흡수하여 자신의 몸속에 운동 에너지의 형태로 저장해 두었다가 밤이 되면 다시 바깥으로 열을 방출합니다. 따라서 공기 중의 습도가 높아지면 밤이 되어도 기온이 유지되면서 일교차가 작아지지요. 습도가 아주 높은 여름철이 되면 심지어 일교차가 거의 없어지는 열대야 현상이 나타나 우리를 불쾌하게 만들기도 하지요.

　지구의 기후 패턴과 식물의 분포는 기본적으로 이 수증기의 온실 효과에 의해서 오랜 세월에 걸쳐서 결정된 것입니다. 사막과 같이 습도가 낮은 건조 지대에서는 평균 기온이 낮고 일교차가 크지요. 반면에 습도가 높은 지역에서는 평균 기온이 높고 일교차도

작아서 숲이 우거지고 생물이 번성합니다. 지구상의 모든 생명체들은 지난 긴 세월 동안 이렇게 수증기에 의해서 결정된 기후와 환경에 잘 적응해 왔습니다.

그런데 금세기에 들어와서 기후와 환경이 빠르게 바뀌기 시작합니다. 흔히 이로 인해서 빚어지고 있는 현상을 통틀어서 '지구 온난화(global warming)'라고 일컫습니다. 공기 중에 수증기가 아닌 또 다른 온실가스인 이산화 탄소의 양이 급격하게 늘어나면서 시작된 일입니다. 그런데 그 뒤에 더 지독한 문제아가 숨어 있어요. 바로 가장 강력한 온실가스인 메탄가스입니다. 현재로서는 공기 중에 있는 메탄의 양은 거의 무시할 정도로 작습니다. 그러나 지구 표면의 곳곳에 분포한 얼음 속에 엄청난 양의 메탄이 숨어서 밖으로 나갈 날만을 손꼽아 기다리고 있다는 사실에 주목해야 합니다. 이들을 가두어 놓은 얼음이 녹으면서 문이 활짝 열리기라도 한다면 메탄가스가 공기 중으로 물밀 듯이 몰려나와 지구 온난화를 가속시킬 것이 불을 보듯 뻔합니다.

그런데 우리가 배출한 이산화 탄소의 온실 효과로 인해 지구의 평균 기온이 높아지면서 지구의 거의 모든 곳에서 아주 빠른 속도로 얼음이 녹고 있답니다. 남극 대륙과 그린란드의 빙하, 알프스, 히말라야, 안데스, 네바다의 빙하, 북극의 해빙과 영구 동토층 등 닥치는 대로 마구 녹고 있지요. 먼저 출소한 동료가 친구들을 한꺼번에 탈출시키기 위해서 교도소의 담장을 일시에 허물고 있는 것이나 다름이 없습니다. 지구 온난화로 따뜻해진 바닷물이 바다 밑의 메탄 하이드레이트마저 다 녹이게 되면 인류는 그야말로 아무 대책 없이 대재앙을 맞이하게 될지도 모릅니다. 바다 밑에 숨겨진 미래의 에너지 자원이 어느 날 갑자기 정반대로 얼굴을 바꿀 수도 있다는 사실이 참으로 놀랍습니다.

해양 생물이 차가운 물을 좋아하는 이유는?

재네들 셋은 서로 아주 친한 사이지.

흙 속에 섞인 물의 양이 전체 강물의 열 배나 되지.

공기 중에 섞여 있는 물의 양도 전체 강물의 열 배나 된단다.

물론 물 속에는 공기가 녹아 들어가지.

녹는 양은 산소가 약 30분의 1, 질소는 약 70분의 1 만큼만 녹아 들어가지.

에계! 겨우?

그래서 우리는 공기의 녹는 양에 아주 민감할 수 밖에 없어.

물에 녹는 공기의 양을 가장
크게 좌우하는 것은
물의 온도.

온도가 낮을수록 더
많은 공기가 물에 녹아.

산소 주의보

경고의 쾌적

주의

그래서 해양 생물은
모두 차가운 물을
더 좋아하지.

물이 차가운 고위도 지역의 바다에는
플랑크톤과 유기물이 많아서
바닷물이 탁하고 초록색을 띠지.

물고기는
대부분 몸이 통통하고 굵어.

많은 산소가
녹기 때문이지.

이와는 대조적으로
물이 따뜻한 적도 인근의
바닷물은 깨끗하고 투명하지.

물고기는
대부분 몸이 납작하고 얇아.

다들 배고픈가 봐.

먹을 게
별로 없지.

34

수증기가
공기 중의 산소를
빼앗는다고
?

사우나탕에 들어가면 숨이 턱 막혀요. 오래 앉아 있으면 가슴이
답답해지고 어떤 때는 어지럽기까지 하죠. 한참을 있다가 밖으로 나오면 갑
자기 머리가 맑아지고 상쾌해져요. 사우나탕에서 왜 이런 일이 생길까요?

순수한 공기는 질소에 산소를 섞어 놓은 기체 용액입니다. 그러나 실제 우리의 생활 공간에서는 질소와 산소가 아닌 다른 종류의 기체가 공기에 섞여 들어가기 마련입니다. 이렇게 다른 기체가 섞일 때 어떤 일이 일어나는지 이해하려면 이상 기체 방정식을 다시 한번 볼 필요가 있지요. 이상 기체 방정식을 다시 한 번 써 봅니다.

$$PV=nRT \text{ (R은 상수)}$$

이상 기체 방정식에 의하면 온도(T)와 부피(V)가 일정한 값으로 고정될 경우 압력(P)은 기체 입자의 개수(n)에 비례합니다. 예를 들어 우리가 어떤 방에 들어왔다고 가정해 봅시다. 방의 크기 즉 부피(V)는 일정하고, 상온으로 온도(T)도 역시 일정합니다. 따라서 이상 기체 방정식에 의해서 방 안의 압력(P)은 그 방에 들어와 있는 기체 입자의 개수(n)에 비례합니다.

우리가 통상적으로 생활하는 공간에서의 압력은 대기압인 1기압으로 일정한 값을 갖습니다. 이때 1기압이라는 압력은 위 관계식에 의해서 그 공간에 있는 공기 입자의 개수에 의해서 결정된 값입니다. 그런데 공기는 한 종류의 기체가 아닙니다. 약 80%의 질소와 나머지 20%의 산소가 한데 섞여 있지요. 따라서 1기압이라는 압력의 80%인 0.8기압은 질소에 의한 압력이고 나머지 20%인 0.2기압은 산소에 의한 압력입니다.

이처럼 두 가지 이상의 서로 다른 종류의 기체들이 함께 섞여 있을 경우에 각 종류의 기체가 나타내는 압력을 '부분압(partial pressure)'이라고 부릅니다. 전체 압력이 1기압인 순수한 공기에 대해서 질소의 부분압은 0.8기압이고 산소의 부분압은 0.2기압이 되는 것이지요.

우리 눈에는 보이지 않지만 공기 중에는 상당량의 수증기가 섞여 있습니다. 물이 증발하면서 공기에 수증기가 들어가기 때문이지요. 이때 공기 중에 있는 수증기에 의해 나타나는 부분압을 특별히 '증기압(vapor pressure)'이라고 따로 이름을 붙입니다. 예를 들어 전체 기압이 1기압일 때 공기 속 수증기의 양이 전체의 10%이면 증기압은 0.1기압이 됩니다.

》 공기 중에 수증기가 들어오면 《 질소와 산소는 떠나

공기 중에 아무리 많은 양의 수증기가 섞여 들어가더라도 전체 대기의 압력은 1기압으로 변하지 않습니다. 수증기가 들어가더라도 전체 입자의 총 개수는 변하지 않는 것이지요. 그 말은 수증기가 섞여 들어오면 질소와 산소 입자들이 물에게 자리를 내주고 그곳을 떠나서 딴 곳으로 가야만 한다는 것을 의미합니다. 쉽게 말해서 섞여 들어온 수증기의 개수만큼 질소와 산소 입자의 개수가 줄어든다는 뜻이지요.

예를 들어 수증기가 공기의 50%를 차지했다고 가정해 봅시다. 수증기에 의한 증기압은 1기압의 50%인 0.5기압이 됩니다. 질소와 산소의 양은 그만큼 줄어들겠지요. 공기 중의 질소와 산소의 양은 반으로 줄어들면서 질소의 부분압은 0.8기압에서 0.4기압으로 줄고, 산소의 부분압은 0.2기압에서 0.1기압으로 줄어듭니다. 각 구성 성분의 부분압을 모두 합치면 0.5+0.4+0.1=1.0기압이 되지요. 전체 압력은 1기압으로 변화가 없지만 수증기가 섞여 들어가면서 질소와 산소의 양은 원래의 반으로 줄어든 것입니다.

아주 뜨겁게 달구어져 수증기로 자욱한 사우나탕에 들어가면 갑자기 숨이 턱 막히는 것을 느끼게 됩니다. 조금 지나면 익숙해지기는 하지만 왠지 가슴이 답답하고 현기증마저 나지요. 그처럼 숨이 막히고 답답한 것은 앞의 계산 예에서 보았듯이 사우나탕 안의 증기압이 높아지면서 산소의 부분압이 줄어들기 때문입니다. 실제로 산소가 부족한 상태가 된 것이지요. 수증기를 이용해서 인위적으로 산소 부족 상태를 만들어 놓은 곳이 바로 사우나탕인 셈입니다.

사우나를 마치고 바깥으로 나오면 마치 날아갈 듯 상쾌함을 느끼지요. 산소가 부족한 상태에 있다가 나왔으니 당연히 그럴 수밖에 없습니다. 마치 피로가 다 날아간 듯한 기분이 드는 것도 어쩌면 상당 부분 착각일 수도 있습니다. 그래서 심혈관계가 약하거나 나이가 든 어르신들은 가능하면 사우나를 피하는 것이 좋습니다. 연로한 분이 사우나탕에 오래 있다가 목숨을 잃는 사고가 심심치 않게 일어나기 때문입니다.

　　심지어 사우나의 본고장인 핀란드에서는 2010년 개최된 세계 사우나 챔피언십 대회의 최종 결선에서 러시아 선수가 현장에서 질식사하고 핀란드 선수는 중태에 빠지는 대형 사고가 발생합니다. 1999년부터 10년 넘게 개최되었던 세계 사우나 챔피언십 대회는 2010년의 사고를 마지막으로 완전히 폐지되었답니다.

35

축축한 공기가 더 가볍다고?

공기가 수증기를 많이 머금으면 무거워질까요? 아니면 가벼워질까요? 대기 중에서 습도가 높아진 공기는 위로 떠오를까요? 아니면 아래로 가라앉을까요? 더운 여름날의 습한 공기가 무거울까요? 아니면 추운 겨울날의 건조한 공기가 무거울까요?

흔히 우리는 축축한 공기가 건조한 공기에 비해서 왠지 더 무겁다는 생각을 하게 됩니다. 그러나 실제로는 정반대입니다. 습도가 높아질수록 공기의 무게는 오히려 가벼워집니다. 왜 그럴까요? 그 이유를 이해하려면 서로 다른 종류의 기체 입자의 무게를 비교해 보아야 합니다.

산소의 분자량은 32이고 질소의 분자량은 28입니다. 그래서 공기의 평균 분자량은 약 29정도가 되지요. 그런데 물의 분자량은 18로 이들에 비해서 훨씬 작은 값을 갖습니다. 쉽게 말해서 산소나 질소 분자에 비해서 물 분자가 훨씬 가볍다는 뜻입니다.

》습도가 높아지면《
공기는 가벼워져

아보가드로의 법칙에 의해서 어떤 주어진 온도와 압력 하에서 일정한 부피의 공기가 가지고 있는 전체 입자의 개수는 변하지 않습니다. 따라서 습도가 올라가면서 물 분자가 공기 중에 섞여 들어가면 그만큼 질소와 산소 분자의 개수는 줄어들어야만 합니다. 질소와 산소가 상대적으로 가벼운 수증기로 대체되는 것이지요. 결과적으로 수증기에 의해서 습도가 높아지면 공기의 무게는 가벼워집니다.

밀도를 계산하는 식이 '밀도=무게/부피'였던 사실을 떠올려 보세요. 결국 일정한 부피를 갖는 공기의 무게가 가벼워지면 밀도는 낮아집니다. 습도가 높아진 공기가 주변 공기에 비해서 상대적으로 밀도가 낮아지면 당연히 위로 뜨게 되겠지요. 이와 같이 높은 습도의 공기가 하늘로 떠오르는 현상은 태양 빛이 지구 표면을 뜨겁게 달구면서 물을 증발시키는 곳이라면 어디에서나 일어납니다. 특히 물이 풍부한 따뜻한 바다 표면에서는 이런 일이 상시적으로 일어나지요. 이처럼 습도가 높아지면서 가벼워진 공기가 높은 상공으로 치솟아 올라가는 현상을 '상승 기류'라고 합니다.

지구 중력으로 인해서 공기가 아래쪽으로 쏠려 있다 보니 고도가 높아지면 대기의 압력이 급격하게 낮아집니다. 따라서 상승 기류를 형성한 공기가 위로 올라가면 부피가 팽창하게 됩니다. 흔히 공기는 뜨거워질 때 팽창을 하게 마련인데 상승 기류의 경우에는 가열하지도 않았는데 팽창을 하게 되는 것입니다. 이처럼 열을 가하지 않는 상태에서 팽창하는 것을 '단열 팽창'이라고 부릅니다.

단열 팽창을 하면 공기의 온도는 오히려 급격하게 떨어집니다. 그러지 않아도 많은 양의 수증기를 안고 있었는데 온도가 떨어지니 더 이상은 수증기를 그대로 가지고 있을 수가 없게 됩니다. 마침내 '이슬점'이라는 낮은 온도에 도달하면 공기는 수증기를 쫓아내기 시작합니다. 쫓겨난 수증기는 자기들끼리 뭉쳐서 물방울을 만들면서 구름을 만들지요. 그래서 상승 기류가 형성되는 곳에서는 구름이 짙게 드리우게 됩니다.

상승 기류가 강해서 매우 빠른 속도로 솟구쳐 올라가는 경우에는 위로 올라가면서 뭉실뭉실 구름이 계속 만들어집니다. 그러한 형태의 구름을 흔히 뭉게구름이라고 부르지요. 구름이 아래에서 위로 빠르게 움직이다 보니 그 안에서는 많은 정전기가 발생하여 곧 번개가 치기 시작합니다. 자신의 무게를 이기지 못한 물방울들이 아래로 떨어지다 보면 구름 속에서 계속 덩치를 키우게 되지요. 결국에는 천둥 번개와 함께 굵은 빗방울을 일시에 쏟아냅니다. 바로 '소나기'입니다.

》따뜻한 바다에서《
태풍이 시작돼

상승 기류를 형성하면서 공기가 높은 하늘로 올라가고 나면 원래 있던 자리가 일시적으로 비면서 압력이 떨어집니다. 저기압이 형성되는 것이지요. 그러면 상대적으로 압력이 높은 주변으로부터 그곳을 향해서 공기가 밀려 들어갑니다. 상승 기류로 인해서 표면에서는 고기압에서 저기압 쪽으로 바람이 만들어지는 것이지요.

공기 중에 섞여 들어가는 수증기의 양이 많으면 많을수록 공기의 밀도는 더 낮아지고 상승 기류의 세력은 더 강해집니다. 강한 상승 기류가 일시에 솟아오르면 표면의 기압은 크게 낮아져 강한 저기압을 형성합니다. 강한 저기압은 결국 엄청나게 센 바람을 만들어 내지요. 강한 상승 기류는 굉장히 많은 양의 수증기를 가지고 있기 때문에 만들어지는 구름의 양도 많아집니다. 결국에는 폭우를 쏟아 붓게 됩니다. 바로 태풍이 불어올 때 경험하게 되는 현상들이지요.

이 일련의 모든 사건들은 공기 중에 많은 양의 수증기가 섞여

놀라운 물

오. 뜨네.

들어가면서 시작됩니다. 그래서 태풍은 물의 증발이 활발하게 일어나는 적도상의 따뜻한 바다 위에서 흔히 시작됩니다. 그러고는 바다 위를 훑고 지나가면서 계속 수증기를 공급받아 그 세력을 키우지요.

최근에는 지구 온난화로 인해서 대한민국 주변 바닷물의 평균 온도가 서서히 올라가고 있습니다. 여름이면 제주 남쪽 해역의 해수 온도가 섭씨 30도까지 올라가곤 합니다. 그렇게 해수 온도가 올라가면 물의 증발이 활발하게 일어납니다. 당연히 적도에서 올라오는 태풍에게 힘을 실어 주게 됩니다. 해수 온도가 낮았던 과거에는 적도에서 올라오던 태풍이 제주 해역에 들어서면 세력을 잃으면서 편서풍에 밀려서 방향을 틀었는데, 앞으로는 오히려 힘을 키우면서 한반도를 따라 곧바로 치고 올라올 확률이 높아진 것입니다.

36

물의 끓는 온도가 100도가 아니라고?

물은 섭씨 100도에서 끓는다고 알고 있지요. 하지만 물이 100도 보다 더 높은 온도에서 끓는 경우도 있어요. 또 100도보다 더 낮은 온도에서 끓는 경우도 있고요. 왜 이런 일이 일어나는지 알아볼까요?

물과 주변의 공기는 서로를 주고받으며 아주 밀접한 관련성을 갖게 됩니다. 공기는 물에 녹아 들어가고 반대로 수증기는 공기에 섞여 들어가지요. 공기에 얼마나 많은 수증기가 섞였는지는 수증기에 의한 부분압인 증기압으로 나타냅니다.

증발한 물 분자들은 공기 중의 질소와 산소를 밀쳐 내며 그 자리에 대신 들어가지요. 그러다 보니 증기압이 올라가면 질소와 산소의 부분압은 거꾸로 내려갑니다. 물을 가열하면 증발하는 수증기의 양은 늘어나지요. 따라서 물의 온도가 올라가면 공기 중의 증기압도 높아집니다. 물을 계속 가열하다 보면 어느 시점에 가서는 증발한 물 분자들이 질소와 산소를 남김없이 밀쳐 내 버리고 공기를 완전히 다 장악해 버리는 상황이 옵니다. 공기가 100% 수증기만으로 가득 차게 되는 것이지요. 이때가 바로 증기압이 대기압과 같은 1기압이 되는 시점입니다. 이처럼 증기압이 외부의 압력과 같아지는 온도를 '끓는점(boiling point)'이라고 정의합니다.

》 대기압이 변하면 《
끓는 온도도 달라져

대기압이 1기압일 때 순수한 물은 섭씨 100도에서 끓습니다. 그렇다면 대기압이 1기압이 아닌 경우에도 물은 섭씨 100도에서 끓을까요? 그렇지 않습니다. 끓는점은 증기압이 외부 압력과 같아지는 온도이기 때문에 대기압이 변하면 당연히 끓는 온도도 달라집니다.

대기압이 달라지는 가장 흔한 경우는 바로 높은 산 위에 올라 갔을 때입니다. 요즈음은 산불 방지를 위해서 산에서 불을 피우는 행위를 법으로 엄격히 금지하지만 과거에는 산에 올라가면 곧잘 밥을 지어서 먹었답니다. 당시에 산 위에서 밥을 할 때 반드시 하던 아주 단순한 행동이 있었답니다. 그것은 바로 밥솥의 뚜껑 위에 돌을 얹어 놓는 것이지요.

대기압은 높이 올라갈수록 낮아집니다. 예를 들어 2천 미터 높이에서의 대기압은 약 0.8기압으로 떨어집니다. 따라서 높은 산에서 물을 가열하면 증기압이 미처 1기압이 되기도 전에 물이 끓기 시작합니다. 높은 곳에서는 끓는점이 낮아지는 것이지요. 실제로 계산을 해 보면 높이 1,950미터의 한라산 정상에서는 섭씨 약 93도에서 물이 끓고, 높이 2,744미터의 백두산 꼭대기에서는 약 90도에서 물이 끓는답니다. 따라서 높은 산에서 밥을 하면 쌀이 충분히 익지 않아서 설익은 밥을 먹게 되지요. 이때 김이 새어 나가지 못하도록 뚜껑에 큼직한 돌을 얹어서 꽉 눌러 주면 모든 문제가 해결됩니다. 밥솥 안의 압력을 인위적으로 높여 줌으로써 끓는점이 다시 올라가게 만든 것입니다.

》 산 위에서는 《
물의 끓는점이 낮아져

경험을 통해서 이러한 원리를 가장 일찍 터득한 사람들은 다름 아닌 스님들이었습니다. 대부분의 절들이 높은 산 위에 위치하고 있

놀라운 물

었기 때문이지요. 산에서 맛있는 밥을 하려면 뚜껑을 무겁게 하고 김이 새어 나가지 못하도록 잘 밀착시켜 닫아야 한다는 사실을 스님들은 너무도 잘 알고 있었습니다. 그래서 밥을 짓는 무쇠 솥 위에 절대로 무쇠 뚜껑을 그대로 사용하지 않았지요. 무쇠 뚜껑 대신에 두꺼운 나무를 넛대어서 만든 아주 무거운 나무 뚜껑을 덮었습니다. 밥을 할 때 나오는 수증기로 나무 뚜껑이 물에 불면 더욱 무거워질 뿐만 아니라 솥의 테두리와 뚜껑 사이의 밀착도 더욱 견고해집니다. 김이 새어 나가지 못하도록 무거운 나무 뚜껑으로 짓눌러서 일종의 압력 밥솥을 만든 것이지요.

등산 인구가 적었던 1980년대 초까지만 해도 산에 올랐다가 내려오면서 근처 절에 들러서 맛있는 절 밥을 얻어먹는 것이 일종의 풍류처럼 여겨지기도 했습니다. 그런데 그 절 밥이 그렇게도 맛있었답니다. 어찌 그리 맛있을 수 있는지 도무지 이해가 가지 않아서 다들 신기해했지요. 당시만 해도 오늘날 가정의 필수품이 되어 버린 압력 밥솥이 없었던 시절이었습니다. 그러니 스님들의 지혜로 만든 압력 밥솥으로 지은 밥이 그렇게도 맛있고 신기했던 것은 너무도 당연했지요. 그런데 요즈음 절에 들러 절 밥을 얻어먹어 보니 그때 맛이 전혀 나지 않았습니다. 웬일인가 싶어 절 방을 기웃거려 보니 구석에 커다란 전기밥솥 여러 개가 놓여 있었습니다. 아주 소중한 지혜를 잃어버린 것 같아 가슴 한편이 먹먹했답니다.

요즈음은 대부분 가정에서 압력 밥솥으로 밥을 합니다. 밀폐된 용기 속의 높은 압력 하에서 물을 가열하면 섭씨 100도보다 높은 온도에서 물이 끓지요. 쌀이 더 잘 익으니 밥이 맛있어집니다. 그런데 압력 밥솥 안에서 물은 몇 도에 끓는 것일까요? 밥솥에서 배출되는 뜨거운 증기의 온도를 측정해 보니 대략 섭씨 130도를 넘어갑니다. 잠시만 닿아도 심한 화상을 입게 되는 굉장히 뜨거운 온도이지요. 따라서 밥을 할 때에는 절대로 압력 밥솥을 방바닥에 놓아서는 안 된답니다. 그 위를 지나가다가 갑자기 터져 나오는 뜨거운 증기에 화상을 입기 쉽기 때문입니다. 특히 바닥을 기거나 이제 막 걷기 시작한 아기에게 증기가 나오는 압력 밥솥은 마치 장난감이나 마찬가지입니다. 강한 호기심으로 가장 먼저 손을 뻗치는 곳은 다름 아닌 뜨거운 증기 속이지요.

37

바닷물과 강물은 똑같은 온도에서 끓을까?

강물과 바닷물을 각각 담아서 따로 끓이면 똑같은 온도에서 끓을까요? 아니에요. 강물이 더 빨리 끓는 걸 확인할 수 있어요. 설탕물도 마찬가지로 물보다 더 늦게 끓어요. 왜 이런 현상이 일어나는지 알아보아요.

물의 표면에서는 끊임없이 물 분자들이 공기 중으로 달아납니다. 이 과정을 '증발'이라고 일컫습니다. 물에서 증발된 수증기는 공기 중의 증기압을 올려서 습도를 높이게 되지요. 그 과정에서 열린 용기에 담아 놓았던 물의 양은 계속 줄어듭니다.

컵에 담아 놓은 물이 줄어들지 않게 하려면 어떻게 하면 될까요? 그저 간단하게 뚜껑을 덮어 놓으면 됩니다. 뚜껑을 덮으면 물에서 달아났던 수증기 입자들은 결국 원래 있던 곳으로 되돌아가 다시 물이 되지요. 이처럼 뚜껑을 덮는 방법은 마치 경비가 허술한 교도소를 죄수들이 탈옥하게 내버려 두었다가 얼마 후 잡아들여 도로 가두는 것과 같습니다. 그렇다면 처음부터 담을 높이 쌓고 경비를 강화해서 아예 탈옥이 불가능하게 만들면 되지 않을까요? 그렇게 하려면 처음부터 물 분자가 공기 중으로 튀어 나가지 못하도록 아예 물의 표면 그 자체를 무엇으로든 덮어 버려야 합니다.

》 소금물이나 설탕물은 《 물의 증발 속도가 느려

물에 무엇인가를 녹이면 바로 그런 일이 일어납니다. 가장 흔한 예가 소금이나 설탕을 물에 녹이는 것입니다. 소금을 물에 녹이면 소듐(Na^+)과 염소(Cl^{-1}) 이온들이 물속에 균일하게 퍼져 나갑니다. 그중 일부는 물의 표면으로 올라가 원래 있던 물 분자들을 밀쳐 내고 그 자리를 대신 차지하고 앉게 되지요. 눈에 보이지 않는 작은 이온들이 물의 표면을 덮어 버리게 되는 것입니다. 이처럼 이온들이 물의 표면을 덮어서 탈출할 길을 막아 버리면 표면으로부터 달아나던 수증기 입자의 개수는 크게 줄어듭니다. 결과적으로 물에 무엇인가를 녹이면 증기압은 내려가고 증발 속도는 느려지지요.

이를 간단한 실험을 통해서 확인할 수도 있습니다. 뚜껑이 없는 두 개의 컵에 각각 같은 높이의 맹물과 진한 설탕물을 담아 두고 며칠 후에 확인해 보세요. 맹물의 높이가 훨씬 더 줄어든 것을 보게 되지요. 설탕 입자들이 물의 표면을 덮어서 물 분자가 달아나지 못하도록 가로막았다는 사실을 잘 보여 줍니다. 물에 설탕을

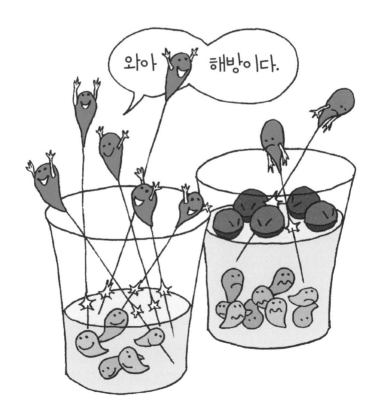

녹이면서 수용액의 증기압이 낮아져 설탕물의 증발 속도가 느려진 것이지요. 설탕을 많이 녹일수록 달아나는 수증기의 양이 더 줄어들겠지요. 실제 측정을 해 보면 증기압이 낮아지는 정도가 물에 녹인 용질 입자의 개수에 정확하게 비례한다는 사실을 확인하게 됩니다. 이러한 현상을 수용액의 '증기압 내림'이라고 일컫습니다.

》 수용액의 《
'끓는점 오름'

그렇다면 이렇게 소금이나 설탕을 녹인 수용액을 가열하면 어떻게 될까요? 아무것도 녹이지 않은 순수한 물은 섭씨 100도의 온도에서 증기압이 1기압에 도달합니다. 증기압이 대기압과 같아지는 이 시점에 물은 끓기 시작하지요. 그렇다면 소금물이나 설탕물은 몇 도에서 증기압이 1기압에 도달할까요? 용질 입자들이 물 분자가 달아나는 것을 가로막고 있다 보니 순수한 물과는 달리 그리 쉽게 1기압에 도달하지 못합니다.

무엇인가를 녹인 수용액의 증기압을 1기압으로 끌어 올리려면 순수한 물보다도 더 많은 열이 필요합니다. 더 높은 온도로 가열해야만 수용액의 증기압이 1기압에 도달하는 것이지요. 다시 말해서 용질을 녹인 수용액은 섭씨 100도보다 더 높은 온도로 가열해야만 끓습니다. 이러한 현상을 수용액의 '끓는점 오름'이라고 부릅니다.

놀라운 물

이 끓는점 오름 현상은 앞에서 보았던 증기압 내림 현상으로 인해서 빚어지는 필연적인 결과로 이 두 현상은 서로 밀접하게 연관되어 있습니다. 그래서 증기압이 내려가는 정도가 물에 녹아 있는 용질 입자의 개수에 비례했던 것처럼, 끓는점이 올라가는 정도도 용질 입자의 개수에 정확하게 비례한답니다.

간혹 음식을 하다 보면 물을 계속 졸이는 경우가 있지요. 죽이 가장 대표적입니다. 많은 양의 물에 조금의 밥을 풀고 오랫동안 끓이기를 계속하면 걸쭉한 죽이 만들어지지요. 시간이 지날수록 밥알에서 녹아 나오는 전분의 양은 늘어나는데 물은 졸아서 줄어드니 결국 용질의 농도는 큰 폭으로 높아집니다. 끓는점 오름 현상에 의해서 물의 끓는 온도는 점점 올라가게 되고 발생하는 수증기도 시간이 흐를수록 더 뜨거워집니다. 그러다 보니 죽이 걸쭉해졌을 때 자칫 실수를 하여 뜨거운 김을 쏘이거나 죽이 손에 튀면 화상을 입기 쉽습니다. 일반적으로 한국인들이 좋아하는 아주 맵고 짠 국물 음식이 펄펄 끓고 있을 때에도 각별히 조심을 해야 합니다. 끓고 있는 아주 짠 국물은 그냥 물을 끓였을 때보다 훨씬 뜨겁기 때문입니다.

38

잠수사가 갑자기 물 위로 올라오면 ?

잠수사는 깊은 바닷속에 들어가 수색 작업을 해요. 깊은 물속에서는 압력이 높아지고, 잠수사의 혈액과 체액에 녹아 들어가는 공기의 양도 크게 늘어나지요. 그런데 갑자기 수면 위로 올라오면 나갈 곳을 찾지 못한 공기 때문에 큰일이 난대요.

물과 그 주변의 공기는 아주 긴밀하게 상호 작용을 합니다. 물에서 증발된 수증기는 공기의 습도를 높이고 반대로 공기는 물에 녹아 들어가 산소의 농도를 높입니다. 비록 공기 중에 있는 양의 1/30밖에 안 되지만 물속에 녹아 들어간 산소는 물고기에게는 없어서는 안 되는 매우 중요한 물질입니다. 그렇다면 어떻게 하면 가능한 많은 공기를 물에 녹일 수 있을까요?

얼마나 많은 양의 물질이 물에 녹는지를 나타낸 수치를 흔히 물에 대한 '용해도(solubility)'라고 말합니다. 고체의 경우에는 각 물질의 종류에 따라서 매우 다양한 용해도의 특성을 나타냅니다. 그러나 기체의 경우에는 모든 물질이 용해도의 동일한 경향성을 따릅니다. 그 경향성 자체도 비교적 단순해서 압력과 온도에 관련된 두 가지 뿐이지요.

첫째, 물에 녹아 들어가는 기체의 양은 압력이 높을수록 많아집니다. 다시 말해서 물에 대한 기체의 용해도는 압력이 높을수록 증가합니다. 둘째, 물의 온도가 낮을수록 녹아 들어가는 기체의 양은 많아집니다. 다시 말해서 물에 대한 기체의 용해도는 물의 온도가 낮을수록 증가합니다.

》 물에 녹는 기체의 양은 《
압력이 높을수록 많아져

압력이 높을 때 물에 녹는 기체의 양이 많아지는 것은 어찌 보면 당연합니다. 기체가 물에 녹아 들어가는 것은 일종의 확산 과정이기 때문입니다. 압력이 높아져서 물의 표면과 접하고 있는 기체의 양이 많아지면 더 많은 기체 입자들이 물속으로 확산되어 들어가지요.

이러한 원리는 콜라나 사이다와 같은 탄산음료를 만드는 데 적극적으로 활용됩니다. 물에 각종 감미료를 첨가한 음료를 만들고 여기에 밀폐된 장치로 높은 압력의 이산화 탄소 기체를 주입하면 많은 양의 이산화 탄소가 녹아 들어간 탄산음료가 만들어집니다. 이렇게 높은 압력에 의해서 음료 속에 녹았던 이산화 탄소는 병의 뚜껑을 따는 순간 거품을 내면서 마구 빠져나오기 시작합니다. 압력이 내려가면서 기체의 용해도가 낮아졌기 때문에 관찰되는 현상이지요.

우리 사람의 몸은 70%가 물로 이루어져 있습니다. 따라서 우리가 호흡을 통해서 끌어들인 공기의 일부는 항상 우리 몸속으로 녹아 들어갑니다. 그렇게 혈액과 체액 속으로 녹아 들어간 공기는 다시 허파를 통해서 몸 밖으로 나옵니다. 그러나 그중 일부는 몸속의 빈 공간에 숨어 들어가기도 하지요. 대표적인 빈 장소가 바로 움직임을 위해서 여유가 필요한 우리 몸의 관절들입니다.

가끔 우락부락한 아저씨들이 자신을 과시하느라 주먹을 쥔 손가락을 지그시 눌러서 우드득 소리를 내는 것을 보게 됩니다. 그런데 그 소리는 손가락 관절의 뼈들이 서로 부딪치는 소리가 결코 아니랍니다. 마치 껌을 씹으면서 딱딱 소리를 내듯이 관절 사이의 빈 공간에 숨어 있던 공기를 눌러서 옆으로 비껴 나게 터뜨리면서 내는 소리이지요.

》깊은 물속은《
압력이 높아

잠수 장비를 갖추어 입고 깊은 물속으로 들어가면 압력이 높아집니다. 깊이가 10미터 더해질 때마다 1기압씩 압력이 올라가서 수심 100미터까지 내려가면 대략 10기압의 압력을 받게 되지요. 압력이 높아지면 물에 대한 기체의 용해도는 증가합니다. 따라서 깊은 물 밑에서는 잠수사의 혈액과 체액에 녹아 들어가는 공기의 양이 크게 늘어납니다.

이렇게 몸속에 많은 양의 공기가 녹아 있는 상태에서 갑자기 수면으로 올라가는 것은 거의 자살행위나 다름이 없답니다. 마치 콜라병의 뚜껑을 딴 것처럼 혈액과 체액에 녹아 있던 공기가 일시에 밖으로 빠져나오기 때문입니다. 마치 끓는 것처럼 혈액은 온통 거품투성이가 됩니다. 나갈 곳을 찾지 못한 공기는 결국 몸 안의 빈 공간인 관절에 모이게 되고 급기야는 뼈와 뼈 사이를 벌려 신경마저 끊어 놓게 됩니다. 과거 왕이 내리는 가장 잔혹한 벌이라고 여겨졌던 사지를 찢는 능지처참과 똑같은 결과가 빚어집니다. 엄청난 고통을 겪을 뿐만 아니라 치사율이 매우 높아서 많은 경우 사망에 이르는데 이를 '잠수병'이라고 합니다. 온몸을 웅크린 채 고통스러워한다고 해서 이를 영어로는 구부린다는 뜻을 가진 'bends'라고 부르지요.

》잠수병을 피하려면《
천천히 수면 위로 떠올라야 해

잠수병을 피해 가려면 충분한 시간 여유를 두고 아주 천천히 수면으로 떠오르는 수밖에 없습니다. 그러려면 메고 있는 산소통에 그 시간 동안을 버텨 줄 충분한 양의 공기를 남겨 두어야만 합니다. 그래서 잠수사에게 가장 중요한 휴대품 중의 하나가 유리 테두리에 회전 다이알이 부착된 특수한 손목시계입니다. 산소통에 남은 공기의 양을 시간으로 환산해서 언제 잠수를 멈추고 수면을 향해 올라가기 시작해야만 하는지를 알려 주는 일종의 알람 시계나 마찬가지이기 때문입니다.

극한의 임무를 수행하는 특수 부대의 요원들은 잠수를 마치고 천천히 떠오를 충분한 시간적 여유를 갖지 못하는 경우가 많습니다. 그 경우에는 수면으로 올라가자마자 곧바로 군함 위에 설치된 커다란 가압 탱크 속으로 들어가야만 합니다. 가압 탱크

잠수병

속에서 인위적으로 압력을 다시 높인 후 아주 오랜 시간 동안 천천히 압력을 낮추어 잠수병이 악화되는 것을 막게 됩니다. 그럼에도 불구하고 수면으로 올라가 가압 탱크에 들어가기까지의 그 짧은 동안에 노출되는 고통과 위험은 이만저만이 아닙니다. 잠시의 노출만으로도 평생 고쳐지지 않는 신경 계통의 이상을 겪는 경우가 많기 때문이지요.

　지난 세월호 참사 때 인명 구조를 위해서 기꺼이 바다에 뛰어들었던 민간 잠수사들의 상당수가 후유증을 앓고 있는 이유도 바로 여기에 있습니다.

39

니오스 호숫가 주민들이 사망한 이유는?

1986년 8월 21일 밤 9시, 카메룬 니오스 호수에서 커다란 폭발이 일어났어요. 호숫가 주변에 살던 1,700여 명의 주민들과 3,500마리의 가축들이 목숨을 잃었지요. 사망 원인은 '이산화 탄소에 의한 질식사'였는데, 도대체 이런 일이 왜 일어난 것일까요?

운동 에너지는 온도의 함수랍니다. 따라서 온도가 높아지면 입자의 운동 에너지는 증가하지요. 그래서 물을 가열하면 물 입자의 운동은 더욱 활발해집니다. 이처럼 활발하게 움직이는 물의 입자들 사이로 공기 입자를 밀어 넣는 것은 마치 현란하게 움직이는 수비수들을 제치면서 골대까지 달려 들어가는 것과 같습니다. 필시 중간에 태클을 당하거나 볼을 빼앗기게 되지요. 이와 같은 이유로 뜨거운 물에는 많은 양의 기체를 녹일 수 없습니다.

반면에 골을 집어넣으려는 공격수의 입장에서는 아무것도 하지 않고 가만히 서 있는 수비수들을 상대하는 것이 훨씬 수월하겠지요. 아주 쉽게 많은 골을 넣을 수 있습니다. 차가운 물속으로 기체 입자를 밀어 넣는 경우가 바로 여기에 해당합니다. 그래서 물의 온도가 낮을수록 더 많은 양의 기체를 녹일 수 있게 됩니다.

》물에 녹는 기체의 양은《 온도가 낮을수록 많아져

물속에 녹아 있는 아주 적은 양의 산소로 살아가는 수중 생물들은 차가운 물을 훨씬 더 좋아합니다. 찬물에 더 많은 산소가 녹아 있기 때문이지요. 그러다 보니 수중 생물들에게는 물의 온도가 올라가는 것이 수질 오염만큼이나 위험한 일입니다. 그래서 여름이 되어 수온이 올라가면 그늘이 드리워지고 차가운 바위가 많은 곳으로 물고기들이 몰려들기 마련이지요. 이런 용해도의 원리를 잘 이해하는 낚시꾼이라면 그런 자리를 찾아서 낚싯대를 드리우겠지요.

　콜라나 사이다와 같은 탄산음료를 즐기는 사람들은 음료를 넘길 때 입안과 목을 톡 쏘는 느낌을 좋아합니다. 음료수 안에 녹아 있던 이산화 탄소가 일시에 빠져나오면서 주는 느낌이지요. 이러한 느낌을 만끽하려면 음료수 안에 최대한 많은 양의 이산화 탄소가 그대로 녹아 있도록 해야 하겠지요. 탄산음료를 최대한 차갑게 유지하는 것이 그 비결입니다. 음료수의 온도가 낮을수록 더 많은 양의 이산화 탄소가 그대로 녹아 있기 때문이지요. 그렇게 차갑게 유지했던 음료수가 우리의 입안에서 체온에 의해 덥혀지면 용해도가 갑자기 감소하면서 녹아 있던 이산화 탄소가 일시에 빠져나와 톡 쏘는 느낌을 선사하게 되는 것입니다.

》호수 밑바닥에 가득한《
이산화 탄소

아프리카 적도 인근의 카메룬은 크고 작은 여러 개의 호수를 가지고 있는 나라입니다. 그중에서도 너비가 2Km를 넘지 않는 니오스 호수는 수심이 무려 200미터에 이르는 아주 깊은 호수입니다. 주변 지역은 농사와 목축에 적당한 환경 조건을 가지고 있어서 인근으로부터 많은 주민이 유입되는 것으로 알려져 있습니다. 그런데 1986년 8월 니오스 호수 인근 20Km 반경 안에 살던 1,700여 명의 주민들과 3,500마리에 달하는 가축들이 원인 모를 이유로 단 하룻밤 사이에 모두 사망하는 아주 희한한 대참사가 벌어집니다.

　　　　　　　　　　　　　　　　　　　　　　　　　놀라운 물

처음에는 외계인의 소행이라는 황당한 설이 등장하기도 했지요. 전 세계로부터 온 전문가들의 조사 결과 깊은 곳에 녹아 있던 많은 양의 이산화 탄소가 호수 물이 뒤집히면서 일시에 대기 중으로 방출된 것이 원인이었던 것으로 판명됩니다. 방출된 이산화 탄소 기체가 인근 지역의 공기를 다 밀어내 버리면서 대규모의 질식사를 일으켰던 것이지요. 당시에 방출된 이산화 탄소 기체의 양이 무려 30만 톤에 이르는 것으로 추정됩니다.

그렇다면 그 많은 이산화 탄소 기체는 도대체 어디에 숨어 있다가 일시에 튀어나온 것일까요? 그 해답은 바로 200미터라는 호수의 깊이에 있습니다. 비록 호수의 표면은 적도의 열기로 따뜻하지만 200미터 아래로 내려가면 물의 온도는 뚝 떨어집니다. 그뿐만이 아닙니다. 수심 10미터를 내려갈 때마다 압력이 1기압씩 증가하므로, 200미터 깊이에서의 수압은 약 20기압으로 높아집니다. 호수의 밑바닥은 온도가 낮고 압력이 높은 조건이었던 것입니다. 그야말로 물에 많은 양의 기체를 녹일 수 있는 최적의 조건이 갖추어져 있었던 것이지요.

더구나 니오스 호수는 휴화산의 화구에 물이 고여 형성된 화구호로, 호수의 밑바닥에서는 여전히 땅속 마그마로부터 이산화 탄소 기체가 스멀스멀 올라오고 있었답니다. 이산화 탄소 기체는 올라오는 족족 호수 물속에 녹아 들어가 아래쪽에다가 그야말로 진한 탄산수를 만들고 있었던 것이지요.

대참사가 일어나던 날, 아직 명확하게 규명되지 않은 이유로 호수 물이 일시에 뒤집히면서 바닥에 있었던 탄산수가 갑자기 1기압의 낮은 압력과 적도의 높은 온도에 노출된 것입니다. 기체의 용해도가 갑자기 낮아지면서 녹아 있던 이산화 탄소 기체가 일시에 터져 나왔던 것이지요. 마치 신이 대자연 속의 콜라병 뚜껑을 '뻥' 하고 터뜨려 연 것처럼 말입니다.

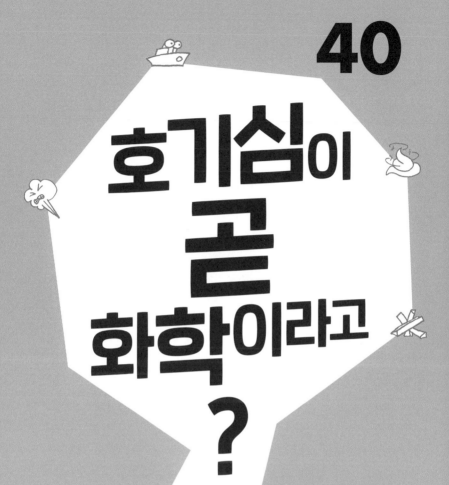

40

호기심이 곧 화학이라고?

우리 주변은 어떤 물질들로 채워져 있을까요? 각각의 물질은 어떤 성분을 가지고 있을까요? 또 변화는 왜 일어나는 걸까요? 꼬리에 꼬리를 물고 이어지는 호기심을 해소하려는 노력에서 화학은 시작되어요.

빅뱅 이론에 의하면 우주는 지금으로부터 약 138억 년 전에 시작된 갑작스러운 팽창과 함께 만들어졌다고 합니다. 아무것도 없던 무의 상태에서 팽창을 시작한 공간 안에 갑자기 기본 입자들인 중성자, 양성자, 그리고 전자들이 나타나 빛에 가까운 빠른 속도로 어지럽게 날아다녔다고 합니다.

우주의 팽창은 밖으로부터 에너지가 공급되지 않는 사실상의 단열 팽창입니다. 따라서 팽창과 함께 온도가 떨어집니다. 온도가 내려가면 기본 입자들의 운동 에너지가 낮아지면서 점차 날아다니는 속력이 느려집니다. 느려진 입자들은 마침내 서로가 서로에게 끌리기 시작합니다. 서로 반대 전하를 띤 양성자와 전자가 합쳐져서 가장 먼저 수소 원자들이 만들어집니다. 공기가 상승 기류를 형성하면서 팽창하면 어느 순간 갑자기 그 속에서 구름이 만들어지듯이, 우주 생성 초기의 어느 순간 아무것도 없던 공간에 갑자기 수소 원자들이 확 등장한 것이지요. 이렇게 만들어진 거대한 수소 원자의 구름은 스스로의 만유인력에 의해서 점차 단단하게 뭉쳐지면서 커다란 수소 덩어리를 만듭니다.

덩어리로 뭉쳐진 수소는 주변에 아직도 널려 있던 수소 원자들을 계속 끌어와 자신의 몸집을 불려 갑니다. 그러다가 어느 한 계치를 넘어서자 덩어리의 중심부에 있던 수소 원자들이 극단적인 행동을 시작합니다. 짓누르는 엄청난 압력과 온도를 못 이기고 자신의 몸집을 줄이기 위해서 두 개의 수소 원자($2 \times H$)가 한데 합쳐져 하나의 헬륨(He)이 되는 것입니다. 이 과정에서 엄청난 양의

놀라운 물

에너지가 방출되면서 별은 밝게 빛나기 시작합니다. 말 그대로 별에 불이 붙은 것이지요. 밤하늘에 빛나는 모든 별들은 다 그렇게 덩어리로 뭉쳐진 수소에 불이 붙은 것들입니다. 그렇게 생성된 별 중의 하나가 바로 우리의 태양이지요.

수소 덩어리의 덩치가 충분히 커지지 않으면 불이 붙지 않은 채 그대로 행성으로 남는 경우도 있는데, 90% 이상이 수소로 구성된 거대한 가스 행성인 우리 태양계의 목성과 토성이 바로 그 예입니다.

일단 불이 붙으면 별의 중심부에서는 원자들이 한데 합쳐지면서 새로운 원자가 만들어지는 핵융합 반응이 지속적으로 일어납니다. 헬륨의 양이 서서히 늘어나고 그 과정에서 다양한 종류의 수많은 새로운 원자들이 탄생합니다. 그렇게 오랜 세월이 흐르고 나면 마침내 중심부를 짓누르던 압력이 해소되면서 서서히 별의

불이 꺼져 갑니다. 별의 덩치가 아주 큰 경우에는 마지막에 엄청난 대폭발을 일으키면서 생을 마감하는데 이 과정에서도 더 많은 종류의 새로운 원자들이 탄생합니다.

이처럼 별의 일생을 통해서 수소로부터 온갖 새로운 원자들이 만들어지는 과정을 '핵합성(nucleosynthesis)'이라고 합니다. 주기율표에서 만나는 100여 가지가 넘는 서로 다른 원자들은 모두 바로 이런 방식으로 별 안에서 만들어진 것들입니다. 그야말로 별은 이 세상 모든 종류의 원자들을 만들어 내는 생산 공장인 셈입니다.

그렇게 별에서 만들어진 서로 다른 원자들은 다시 이합집산을 하면서 끼리끼리 합쳐져서 우리가 앞에서 다루었던 산소, 질소, 이산화 탄소, 메탄, 물 등과 같은 아주 작은 분자에서 탄수화물, 단백질, 지방과 같은 덩치가 큰 분자와 유리, 돌, 쇠와 같은 커다란 덩어리에 이르기까지 이 세상의 모든 것들을 만들어 냅니다. 우리 자신은 물론이고 주변의 모든 것들이 다 그야말로 우주 먼지, 즉 'star dust'로부터 온 셈입니다.

》물질과 에너지 세상을《 이해하기 위한 노력

우리는 이처럼 별에서 생성된 수많은 종류의 원자들이 만들어 놓은 세상에서 살고 있습니다. 각양각색의 다양한 주변 환경이 우리를 둘러싸고 있으며 그 안에서는 시시각각 역동적인 변화가 일어나지요. 당장의 생존과 후손으로 이어지는 지속 가능한 인류의 미래를 담보하려면 우리 주변 환경의 실체와 변화를 제대로 이해하느냐가 매우 중요해집니다.

자신의 주변에서 일어나는 갖가지 현상의 이면에 숨어 있는 물질과 에너지 세상의 이치와 진리를 이해하기 위한 모든 크고 작은 노력이 바로 화학입니다. 연구실에서 이루어지는 제반 실험 활동과 화학 공장에서 진행되는 각종 생산 활동은 화학의 지극히 일부분만을 보여 주는 그야말로 극소수 전문 화학자들의 모습일 뿐 전체 화학의 모습이 결코 아닙니다. 그저 평범한 사람들이 자신을 둘러싸고 있는 주변 환경을 보면서 깊은 호기심을 가지고 "왜?"라는 의문을 품는 것에서부터 화학은 시작되기 때문입니다.

"이 물질은 왜 이런 성질을 가지고 있지?" "저런 변화는 왜 일어나는 걸까?" "그 변화가 왜 이러한 영향을 주는 거지?" "그 이유를 왜 아직도 밝히지 못한 걸까?" 이러한 어찌 보면 사소한 호기심을 그냥 스쳐 지나가는 바람인 양 뒤로 던져 버리지 않는 것에서부터 화학은 시작이 됩니다. 자료를 찾거나 전문가를 만나거나 아니면 직접 뛰어듦으로써 자신이 가졌던 호기심을 조금이나마 해소하려는 노력에서 화학은 시작이 됩니다. 그렇게 호기심이 하나씩 둘씩 해소될 때마다 주변의 물질과 에너지 세상에 대한 이치를 자기 자신도 모르게 조금씩 깨달아 가는 과정이 바로 화학의 진짜 모습입니다.

질문하는 과학 01

이산화 탄소로 내 몸을 만들었다고?

초판 1쇄 발행 2021년 4월 27일
초판 2쇄 발행 2021년 9월 30일

지은이 박동곤
펴낸이 이수미
편집 이해선
북 디자인 신병근, 선주리
마케팅 김영란

종이 세종페이퍼 인쇄 두성피엔엘 유통 신영북스

펴낸곳 나무를 심는 사람들
출판신고 2013년 1월 7일 제2013-000004호
주소 서울시 용산구 서빙고로 35 103-804
전화 02-3141-2233 팩스 02-3141-2257
이메일 nasimsabooks@naver.com
블로그 blog.naver.com/nasimsabooks

ⓒ 박동곤, 2021
ISBN 979-11-90275-45-3
    979-11-86361-74-0(세트)